城市更新行动理论与实践系列丛书
住房和城乡建设领域"十四五"热点培训教材

丛 书 主 编◎杨保军
丛书副主编◎张 锋 彭礼孝

城市更新的
财务策略

赵燕菁◎主编

Financial
Strategy
of
Urban Renewal

本书受到中国电建集团华东勘测设计研究院有限公司
"城市住区更新研究"课题支持。

中国建筑工业出版社

图书在版编目（CIP）数据

城市更新的财务策略 = Financial Strategy of
Urban Renewal / 赵燕菁主编 . —北京：中国建筑工业
出版社，2023.10
（城市更新行动理论与实践系列丛书 / 杨保军主编）
住房和城乡建设领域"十四五"热点培训教材
ISBN 978-7-112-29097-0

Ⅰ.①城… Ⅱ.①赵… Ⅲ.①城市规划—教材②城市
财政学—教材 Ⅳ.① TU984② F810

中国国家版本馆CIP数据核字（2023）第167182号

策　　划：张　锋　高延伟
责任编辑：柏铭泽　陈　桦
责任校对：张　颖

城市更新行动理论与实践系列丛书
住房和城乡建设领域"十四五"热点培训教材
丛 书 主 编　杨保军
丛书副主编　张　锋　彭礼孝

城市更新的财务策略

Financial Strategy of Urban Renewal

赵燕菁　　主编

＊

中国建筑工业出版社出版、发行（北京海淀三里河路9号）
各地新华书店、建筑书店经销
北京海视强森文化传媒有限公司制版
北京中科印刷有限公司印刷

＊

开本：787毫米×1092毫米　1/16　印张：15　字数：289千字
2023年10月第一版　　2023年10月第一次印刷
定价：**79.00元**
ISBN 978-7-112-29097-0
　　（41064）

丛书编审委员会

丛书序言

党的二十大报告提出，"实施城市更新行动，加强城市基础设施建设，打造宜居、韧性、智慧城市"。城市更新行动已上升为国家战略，成为推动城市高质量发展的重要抓手。这既是一项解决老百姓急难愁盼问题的民生工程，也是一项稳增长、调结构、推改革的发展工程。自国家"十四五"规划纲要提出实施城市更新行动以来，各地政府部门积极地推进城市更新政策制定、底线的管控、试点的示范宣传培训等工作。各地地方政府响应城市更新号召的同时，也在实施的过程中遇到很多痛点和盲点，亟需学习最新的理念与经验。

城市更新行动是将城市作为一个有机生命体，以城市整体作为行动对象，以新发展理念为引领，以城市体检评估为基础，以统筹城市规划建设管理为路径，顺应城市发展规律，稳增长、调结构、推改革，来推动城市高质量发展这样一项综合性、系统性的战略行动。我们的城市开发建设，从过去粗放型外延式发展要转向集约型内涵式的发展；从过去注重规模速度，以新建增量为主，转向质量效益、存量提质改造和增量结构调整并重；从政府主导房地产开发为主体，转向政府企业居民一起共建共享共治的体制机制，从源头上促进经济社会发展的转变。

在具体的实践中，我们也不难看到，目前的城市更新还存在多种问题，从理论走进实践仍然面临很大的挑战，亟需系统的理论指导与实践示范。《城市更新行动理论与实践系列丛书》围绕实施城市更新行动战略，聚焦当下城市更新行动的热点、重点、难点，以国内外城市更新的成功项目为核心内容，阐述城市更新的策略、实施操作路径、创新的更新模式，注重政策机制、学术思想和实操路径三个方面。既收录解读示范案例，也衔接实践，探索解决方案，涵盖城市更新全周期全要素。希望本套丛书基于国家战略和中央决策部署的指导性，探索学术前沿性，同时也可助力城市更新的实践具有可借鉴性，成为一套系统、权威、前沿并具有实践指导意义的丛书。

本书读者，也将是中国城市更新行动的重要参与者和实践者，希望大家基于本套丛书，共建共享，在中国新时代高质量发展的背景下，共同探索城市更新的新方法、新路径、新实践。

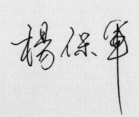

本书编写组

组　　长：赵燕菁

组　　员：（按照姓氏笔画排序）

王盛强　刘金程　李　翔　李梅淦　吴锦海
邱　爽　沈　洁　张　力　张　沁　林小如
罗海师　赵鸿钧　曾馥琳

顾　　问：张春生　时雷鸣　程开宇　朱　敬　郑灵飞
黄友谊

编写单位：中国电建集团华东勘测设计研究院有限公司
厦门大学城乡规划设计研究院有限公司
厦门大学

自序

《城市更新行动理论与实践系列丛书》终于要出版了。

2023 年 7 月 24 日中共中央政治局会议作出了"中国房地产市场供求关系发生重大变化"的重大判断，而这本书仿佛是为了应对这一变化而编写的。我对出版书籍向来很"佛系"，很多文章都是在编辑催稿的状态下完成的。但这本书的出版却是我一直在催出版社，因为城市更新面对的经济形势发生了急剧的变化。

1

在中国电建集团华东勘测设计研究院有限公司的资助下，厦门大学及厦门大学城乡规划设计研究院有限公司的团队启动了城市更新问题的研究。在城市更新诸多选题中，本书选择聚焦财务问题。当时我们意识到现有的融资模式不可持续，新的模式有可能对城市更新的路径产生颠覆性的改变。形势的发展，完全印证了我们的预判。7 月 24 日中共中央政治局会议的判断，确认了我们预料到的房地产供需关系的大逆转。正是房地产市场局势的这一"重大改变"，从根本上动摇了依赖土地出让平衡更新成本的传统模式。

本书在 3 年前选题立项时，就仿佛"预判"了这次中共中央政治局会议的"判断"。没想到正好赶上住房和城乡建设部总经济师杨保军主编的城市更新丛书，更没有想到房地产形势会发展得这么快。也正是房地产市场断崖式的暴跌，使得原本不是核心关切的财务问题，成为几乎所有城市更新项目的最大卡点。而本书一开始就把案例选择聚焦在如何不依赖房地产市场为城市更新项目进行融资。

今天，"房地产市场供求关系发生重大变化"已经不再是一个预测，而是对已经发生事实的承认。几乎在一夜之间，原本一房难求的楼盘不再好卖，原本开发商用尽各种杠杆融资争抢的土地频频出现流拍，有些城市甚至出现已经进入市场的土地无力开发，大量楼盘出现烂尾。这就意味着大家已经熟悉的土地融资模式难以为继，必须改变。

同样是城市更新问题，不同的市场主体有不同的视角。本书选取的视角，是城市政府。这些案例其实就是围绕两个问题，第一，通过房地产市场为城市更新融资为什么对城市财政是有害的？第二，不依赖房地产市场为城市更新融资可能吗？如果可能，应该怎样做？这两个问题都是当下城市政府大规模开展城市更新和改造时最关心的问题。

我们原本担心第一个问题很难说服城市政府，毕竟在不久前，大多数人还是认为离开土地融资的城市更新是不可能的。但现在市场已经给出了答案，就算城市政府还想依靠土地融资，事实上也做不到了。本书的重点随之转到第二个问题，而这也是最难的问题。鉴于前一段城市更新的实践，大多是依赖房地产市场融资，完全自主更新的案例非常少。但也正因为非常少，才具有参考价值。没有这些案例，很难为政府提供经过市场检验的模式，政策制定的难度和风险也随之提高。

2

作为一本走在实践前沿的"案例集"，本书重点在于通过有限的案例构建城市更新的财务分析的逻辑框架。毕竟，真正成功的案例只能来自未来的大规模实践。

首先，本书将城市更新（包括城中村改造）放到城市化转型这一大的背景中展开研究。依据"两阶段增长"理论，当城市化从资本型增长阶段进入运营型增长阶段，资本缺口会迅速收敛，一般预算缺口会突然变大（序图 -1）。由于中国目前没有房地产税，不动产的扩张并不会带来政府税收的增加。相反，房地产规模越大，政府需要提供的公共服务越多，一般预算收入缺口反而会进一步扩大。这是和其他有不动产税收的国家最大的不同。

中国税收制度的这一特点，决定了好的城市更新项目要给政府带来尽可能多的自由现金流（一般预算收入），至少，城市更新不能导致政府公共预算缺

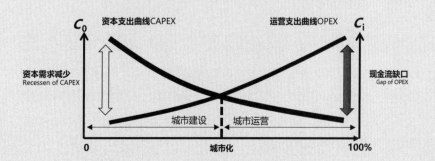

序图 -1　城市化从资本型增长阶段进入运营型增长阶段，资本需求减少，现金流缺口增大

口的进一步扩大。城市更新不应再是靠固投拉动的"花钱的增长"，而应是靠税收拉动的"挣钱的增长"。实现增长的改变，意味着城市更新目的改变。城市更新要从资产负债表的建立转向收支平衡表（利润表）的维护，仅是平衡投资（征拆和建安等成本）的财务目标是远远不够的，好的城市更新要同时满足净收入大于（至少等于）零（序图 -2）。

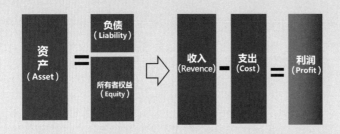

序图 -2　资产负债表转向收支平衡表（利润表）

　　其次，本书通过将两阶段增长公式转变为会计学的资产负债表和利润表，发展出一套城市更新财务分析的工具。单一更新项目的财务平衡并不难，开发商视角的测算普通设计单位都可以应对，但从城市政府角度评估一个项目的效益却没那么简单。很多人以为每一个单一的项目能平衡，那么把这些项目加总起来自然也能平衡。这是政府决策时最常见的误区。宏观并不是微观的加总，集体行动的合成后果可能和个体预期完全相反。

　　其中，土地收益的财务本质在项目和政府两者资产负债表中的差异，是这一误区产生的原因。对于项目而言，卖房收入就是项目收入，只要"无偿的"容积率足够大，卖房收入总是可以覆盖更新成本。但对于政府而言，容积率却是有代价的，其价值来自于城市提供的公共服务，相当于"城市"这个公司的股票。"增容"意味着需要追加新的公共服务资产才能保值。

　　如果公共服务不变，单纯增加容积率，就会稀释城市所有房地产的价值，房价下跌的后果，就是城市所有不动产的资产贬值，依赖房地产税的政府税收就会出现缺口。如果供给大于需求，降价也不足以出清，房地产资产就会失去流动性（没人要），以不动产抵押的债务就会出现违约，依赖卖地收入的政府也会因土地流拍无法融资。不仅如此，城市里所有持有不动产的市场主体（家庭、企业），资产负债表都会受损。

3

建立起城市政府的资产负债表后，城市更新的融资模式的财务后果就会一目了然。那就是通过卖地融资的城市更新不会形成能带来正现金流的净资产。特别是中国的税收制度，由于没有财产税，依靠卖地融资的城市更新不仅不能带来新增的税收，反而会导致城市未来预算支出的增加。就算卖地收入可以暂时建立资产负债表，利润表也不可能维持。这就意味着城市更新主要靠业主（家庭、企业）的资产负债表的扩张。也就是说，自主更新必然成为城市更新的主流模式。

城市更新价值的基本来源，第一是土地升值，由于城市公共服务的改善，原来区位交叉的土地价值不断提高；第二是物业减值，早期质量较差的物业随着折旧价值不断贬值。一正一副形成价值差额，就是城市更新收益的来源。只要改造的成本小于改造前后价值的差额，城市更新项目的财务就是可行的（序图-3）。而其中最大的财务陷阱就在于不能区分政府的资产负债表和改造项目本身的资产负债表。

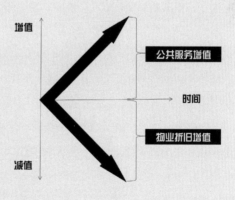

序图 -3　城市更新收益来源于公共
服务改善和物业减值之间的价值差额

假设一个容积率为1的小区，地价为100元，新房价值100元，合计200元。随着公共服务提升（例如地铁建设），现在小区可承载的容积率可以提升1倍到2，地价升值到200元，但旧房折旧剩下50元。如果不更新，小区的现值就是 1×200 + 50 = 250元（原容积率 × 升值的地价 + 折旧后的房屋价值）。如果更新，小区的价值就是 2×200 + 2×100 = 600元（增加后的总容积率 × 升值的地价 + 增加后的总容积率 × 新房的价值）。改造前后 600 - 250

＝ 350 元的增值，就是城市更新的效益，只要投入小于 350 元，更新就是合算的。

但如果我们把政府和业主的资产负债表分开后，就会发现政府提升公共服务带来的城市更新的增值，属于原业主的应该只有原容积率的那部分，加上新房价值减去折旧，也就是 1×（200-100）＋ 1×100 - 50 ＝ 150 元（原容积率 × 地价增值部分＋原容积率 × 新房的价值 - 原有折旧房屋的价值）。其余增加容积率所带来的升值 200 元应当计入政府的资产负债表。如果政府不能有效回收这部分资产，那么修地铁的资产负债表就存在缺口。如果通过财政税收弥补这个缺口，就相当于所有纳税人为更新的这个小区"买单"。

4

显然，容积率越高，向更新项目转移的公共财富就越多。这就是为什么城市更新往往造就一大批巨富的拆迁户。如果征拆时的房价低于卖房时的房价，还会造富一大批开发商。而政府修建的基础设施公共服务资产的流失，一定是负债端出现巨大缺口——城市政府负债累累（序图 -4）。这就是城市更新为什么看上去都能平衡，结果却是政府债务越来越重的财务原因。未来的城市更新如果不能避开这个财务陷阱，更新规模越大，城市财务越困难。

一旦房地产市场由于土地供大于求卖不出去，我们将有机会目睹城市投资烂尾，这是在很多三、四线城市正在发生的事情。随着土地出让情况的恶化，一、二线城市也出现了危机。中央早就预感到这一危险。2021 年，国务院转发了《住房和城乡建设部关于在实施城市更新行动中防止大拆大建问题的通

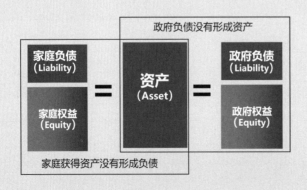

序图 -4　城市更新中政府负债没有形成资产，家庭获得资产没有形成负债

知》（建科〔2021〕63号）。"针对近期各地推动实施城市更新行动过程中出现的大拆大建、急功近利的倾向"，文件明确提出"坚持'留改拆'并举、以保留利用提升为主，严管大拆大建，加强修缮改造……除违法建筑和被鉴定为危房的以外，不大规模、成片集中拆除现状建筑"。

文件提出的四条，第"（一）严格控制大规模拆除"，首先就堵死了"卖地搞更新"的路。第"（二）严格控制大规模增建"，废掉了依靠无限制增容"平衡"的模式；第"（三）严格控制大规模搬迁"，减小了项目烂尾无法还迁的社会风险；第"（四）确保住房租赁市场供需平稳"，中国房价急剧上升社会还可以保持稳定的一个重要原因，就是租赁市场（包括城中村）租金基本平稳，这一条就是要防止城市更新拆除低成本住宅导致租赁价格失控。

显然，这一文件任何一条如果被严格执行，依靠卖地融资的城市更新模式都会"玩不下去"。所以当这一文件出台后，城市政府、开发商一下都给"整不会"了。随着各地城市土地市场纷纷出现流拍，大家突然意识到，原来这个文件是"救"了大家。如果当初不急刹车，现在拆了一半房子卖不出去的更新项目，都会成为新增的烂尾楼。事实上，很多当初疯狂投入城中村改造项目的开发商，特别是已经完成拆迁赔偿的项目，大多深陷财务陷阱，成本回收无望。

那么让民营退出，政府亲自下场是否可行？按照前面的分析，结果不会有什么不同，靠拆东墙补西墙的运作空间越来越小。只要房地产需求不会出现 V 形反弹，政府亲自下场的结果一定也逃不出一堆烂债，在新一轮的城市大洗牌中被淘汰出局。很多城市政府以为城市更新在经济不振的当下是一个新的增长点，殊不知，坏的城市更新模式，其实是一个更大的财务陷阱。载舟覆舟，所宜审慎。如果不能及时找到正确的更新模式，不仅不能盘活存量资产潜在的价值，反而会恶化现有的城市财务！

5

本书的主线，就是要寻找出可以避开财务陷阱的城市更新之路。显然，真正的成功案例只有在今后的大规模实践中才可能出现。但这并不妨碍我们预先提出一些"准则"来指导实践，也只有在实践中，这些准则才有可能被检验、被完善、被补充。

准则一，城市更新财务首先要区分更新主体的资产负债表。政府和业主分表核算，才能看清楚债务从哪里来，资产到哪里去，才能避免政府负债却转化为业主的资产。其中，最重要的就是容积率价值的分割。要防止将城市更新的过程变相成为向特定群体转移社会财富的过程。城市增容部分的土地收益一定要计入城市政府的资产负债表，用来平衡城市基础设施和公共服务的支出，而不能计入城市更新项目的收益。

准则二，避免通过卖地融资。道理很简单，因为"中国房地产市场供求关系发生重大变化"，房子卖不出去了。而开征房地产税只能使房子更卖不出去。房地产需求的断崖式下跌是城市化转型阶段的普遍现象，任何一个孤立的城市都不可能独善其身，在这一阶段不仅卖地要非常谨慎，增容也一样要非常谨慎，因为增容的本质就是新增供地。因此，防止过量供地导致本地房地产市场暴跌或去化周期加长，应当是所有城市更新的财务平衡必须首先需要考虑的。

准则三，要避免产生负的现金流。城市更新不是旧换新就完成了，新的资产需要持续的现金流维持。比如学校、公交、环卫、治安等，这些都会带来新增的财政支出。更新项目必须把这些支出考虑进去，并创造新的收益覆盖这部分支出，至少更新后的支出不要比更新前更多。如果每个更新项目都带来新增的支出需求，累加的结果或给未来城市财政造成极大负担。这一点需要高超的规划技巧，也是"好的"更新方案和"坏的"更新方案的重要分水岭。

准则四，要避免套利。城市更新除了低容积率改高容积率这一比较明显的财富转移途径，还有一个比较隐蔽的财富暗道，就是低价值的用途转变为高价值的用途。很多城市允许工业用地以新型产业用地（M0）[①]、高科技企业、文创产业等途径变相进入办公、酒店用途，允许办公楼变身"SOHO"等变相进入住宅用途，这些都会导致不同用地用途间的套利，破坏高价值土地的市场价值。土地用途不是不能转变，而是要有正确的政策路径。鉴于转型阶段城市财政收支缺口相对于投资缺口更大，所有土地用途的转变都应紧紧盯住更新前后政府的税收是增加了还是减少了。

按照这四项"准则"（也许还有更多），城市更新项目要想平衡，就必须

---

① 新型产业用地（简称 M0）是城市用地分类"工业用地（M）"大类下新增的一种用地类型，指融合研发、创意、设计、中试、无污染生产等新型产业功能，以及相关配套服务的用地。

引入业主的资产负债表，只有这样才能避免居高不下的产权重置（征拆）成本。而这一成本的高低在城市更新中所占比重极大，如果不能显著压低这一成本，就必须引入业主自行负担这一成本。只有高超的更新路径设计，才能真正实现更新的财务平衡。引入业主的资产负债表就意味更新一定是以自主更新为主。所谓自主更新，就是"谁家孩子谁抱走"，基础设施资产是政府的，更新的主体就是政府；房产的主体是居民，更新的主体就是居民。未来的城市更新主要不是设计房子、道路、绿化，而是设计更新的政策、激励和模式。

结语

城市更新不仅仅是规划业务的改变，同时也是规划方法的改变。随着增量资产的减少，存量资产的保值、增值就成为城市规划的新业务。城市规划的理论、技术都需要随之发生改变。城市更新为城市规划转型提供了宝贵的机会，抓住了这个机会，城市规划就可以脱胎换骨、浴火重生；抓不住这个机会，城市规划就会丧失存在价值，在昙花一现之后从历史的长河中消逝。

最后，我要感谢为本项研究提供了赞助的中国电建集团华东勘测设计研究院有限公司，院里自始至终给予了编写小组最大的学术自由，同时感谢为本书的出版提供支持的中国建筑出版传媒有限公司、都市更新（北京）控股集团有限公司。

目录

THEORY

理论篇

赵燕菁 [1]

第 1 章　城市更新中的财务问题

导读

中国的城市更新是在城市化转型这个特定背景下展开的。为了"曝光"城市更新背后的财务机理，本书把城市增长分为投资和运营两个阶段，然后"投映"到对应的会计报表，"显影"后我们就会发现，投资阶段实际上是构建资产负债表的过程，而运营阶段则是维持利润表的过程。中国城市增长投资阶段的主要动力，就是通过一套土地金融的特殊机制获得启动资本。一旦城市增长转型进入运营阶段，投资阶段依靠新增土地获取融资的模式就会遇到增长天花板。能否完成更新模式转型，将决定一个城市的兴衰，中国城市也将因此出现改革开放后第二次"大分流"。

1.1　背景

过去 40 年，中国城市发展主要依靠土地金融（Land Finance，更通俗的说法是"卖地融资"），[2][3] 城市政府在财富增长的大道上一路飙升。但从 2021 年开始，房地产市场的急剧萎缩，给以土地融资为基础的城市更新模式画上了休止符。由于缺少类似的历史经历，人们很难察觉这条财富之路已经抵达它的尽端。如果不能从更高的维度俯瞰整个城市增长路径，就会对前方地平线的断崖视而不见。为了升维思考城市更新问题，我们在会计学基础上提出了一个针对城市更新的规范分析框架。

① 本文是中国电建集团华东勘测设计研究院有限公司委托厦门大学城乡规划设计研究院有限公司"基于财务平衡的住区更新模式研究"课题研究成果的一部分，发表于《国际城市规划》：赵燕菁. 城市更新中的财务问题 [J]. 国际城市规划, 2023,38(1):19-27. 感谢厦门大学经济学院宋涛副教授为本文提出的建议、修订和补充材料。本文的很多思想来自于课题组张力、邱爽、沈洁、李梅淦、曾馥琳、王盛强于 2022 年 8 月 31 日—9 月 2 日在厦门顶上村的讨论。特别感谢邱爽博士的观点给了我很大启发，以及我的学生沈洁、曾馥琳对本文图片的辅助绘制和修缮。作者本人对本文的观点负责。
② 赵燕菁. 为什么说"土地财政"是"伟大的制度创新"？ [J]. 城市发展研究, 2019,26(4):6-16.
③ 赵燕菁，宋涛. 从土地金融到土地财政 [J]. 财会月刊, 2019(8):155-161.

1.2 财务 ① 分析工具：两阶段增长模型

1.2.1 增长的阶段与会计报表

任何商业模式都可以用"收入减去支出等于剩余"来描述，其约束条件是剩余大于等于零。如果将政府视为提供公共服务的一组商业模式，也必须符合这一约束条件。进一步，商业模式可分解为投资和运营两个阶段。

在投资阶段，经济主体要筹集到启动商业模式的一次性投资并形成相应的"资本"，② 因此这一阶段也可以称为资本型（增长）阶段，其约束条件是获取的融资要大于等于投资，即：

$$R_0 - C_0 = S_0\,(S_0 \geqslant 0) \qquad (1\text{-}1)$$

式中　R_0——表示资本收入；

　　　C_0——表示资本性支出；

　　　S_0——表示资本性剩余。

在运营阶段，经济主体的主要工作是维持商业模式的运转，创造持续的收益，以覆盖日常性的一般支出。③ 因此这一阶段也可以称为运营型增长阶段，其约束条件是运营收入必须大于等于运营性支出，即：

$$R_i - C_i = S_i\,(S_i \geqslant 0) \qquad (1\text{-}2)$$

式中　R_i——表示运营收入；

　　　C_i——表示运营性支出；

　　　S_i——表示运营性剩余。

与传统的增长模式不同，在现代增长模式中，获取启动资本不是依赖过去

---

① 城市的财务平衡涉及众多市场主体，尽管其主要的构成是市政府的财政，但城市财务问题并不完全等同于政府财政问题。为了讨论方便，本文假设城市公共服务提供者只有政府一个主体，如此城市财务可以近似等于政府财政。
② 比如，家庭需要购房、装修；工厂需要建设厂房，购买设备；政府需要建设"七通一平"等基础设施等。
③ 比如，家庭的水电费、工人的工资，以及城市的养护费用等，还包括相应的资产折旧。

剩余的积累，而是预支未来的收益（俗称"贴现"），从外部融资获取。[1] 用一个简单的等式可表示为：

$$R_0 = kS_i \qquad (1\text{-}3)$$

式中　k——表示贴现倍数。

借助会计理论作为"显影剂"把两阶段城市财务"曝光"在会计报表这张"底片"上，就可以发现：投资阶段的式（1-1）是资产负债表（Balance Sheet）的映射，运营阶段的式（1-2）是利润表（Profit and Loss Statement）的映射。[2]

1. 资产负债表与资本型增长

所谓"创业"本质上就是建立资产负债表。资产负债表中的"负债"（Liability）和所有者权益（Equity）对应的是式（1-1）中的资本项 R_0，[3] 显示的是资本是从哪里来的。资产负债表中的"资产"（Asset）对应的是式（1-1）中的资本性支出 C_0（计入"资产"项中的"固定资产"）和资本性剩余 S_0（计入"资产"项中的"流动资产"），显示的是资本到哪里去了。通过移项，就可以得到一个"资产负债表"表达式：资产 = 负债 + 所有者权益（图 1-1）。[4]

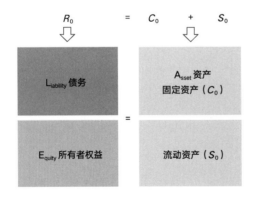

图 1-1　投资等式与资产负债表的对应关系
（图片来源：作者自绘）

---

[1] 这就意味着就现代增长而言，既无需压缩消费，也不依赖其他商业模式的剩余转移，每个商业模式都可以预支自己未来的收益，通过从外部融资来获取自己所需的资本。一旦经济增长从传统模式转为现代模式，就进入了高速增长状态，能在极短的时间内完成投资阶段的增长。

[2] 式（1-1）右侧的资本性剩余 S_0 和式（1-2）右侧的运营性剩余 S_i，映射的是三大会计三大基本报表之一——现金流表。主要反映资产负债表中各个项目对现金流量的影响，并根据用途划分为经营、投资及融资三个活动分类。现金流表可用于分析一家机构在短期内有没有足够现金去应付开销。

[3] 相当于公司金融理论中的债权融资（Debt Financing）和股权融资（Equity Financing），负债是用所有者权益抵押获得的外部资金，根源依然是净利润估值构成的所有者权益。

[4] 增长，尤其是资本型增长，从会计学角度来看，就是构建资产负债表的过程，负债是用所有者权益抵押获得的外部资金，根源依然是净利润估值构成的所有者权益。

2. 利润表和运营型增长

所谓"运营"，本质上就是维持正向利润的过程。与利润表对应的就是两阶段增长模型中运营阶段的式（1-2）：$R_i-C_i=S_i$。利润的正负决定了资产负债表的扩张与收缩。另一个会计报表——现金流表，其实就是式（1-1）的资本性剩余 S_0 和式（1-2）中的现金流剩余 S_i 的加总，[①]用来显示即时的兑付能力（图 1-2）。

注：在会计利润表中，"支出"标准的说法为"费用"，但其实两种表达意思相同，与经济学中的可变成本（Variable Cost）或会计学中的运营性支出（OPEX 或 Operating Expense）、资本性支出（CAPEX 或 Capital Expenditure）相对应。

图 1-2　运营阶段的等式与利润表的对应关系
（图片来源：作者自绘）

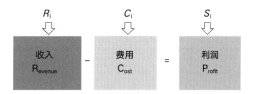

3. 资产负债表与利润表

两阶段模型中的式（1-3）$R_0=kS_i$ 的经济学含义是，现代增长的资本 R_0 来源于未来收益 S_i 的贴现，k 为贴现的倍数。传统理论中，资产负债表和利润表是分开使用的，但式（1-3）意味着这两个表存在着密切的依存关系。从资产负债表建立伊始，资产端就开始以还贷、折旧、运维支出的形式不断减少。只有当利润表的收益大于资产流失的速度，才能抵消资产负债表的不断衰退。式（1-3）将资产负债表和利润表联系起来，建立了一个封闭的财务循环，这意味着投入的资产必须产生大于费用的收入流（Revenue）。只要利润表中的收入大于费用，按照式（1-2），资产负债表两端就会同步扩张；同理，一旦收入小于费用，资产负债表两侧就会同步收缩，直到所有者权益归零，最终资不抵债，破产退出经济活动（图 1-3）。

图 1-3　两阶段模型与财务报表的对应关系[②]
（图片来源：作者自绘）

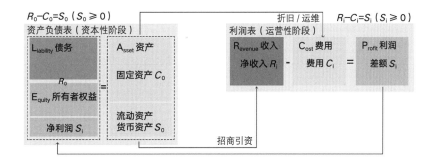

① 虽然这两个性质不同的现金流不能加总，但由于会计准则缺少不可替代规则，结果经常会导致两种现金"互借"。现金流表"并表"的后果之一就是"预算软约束"。引自：亚诺什·科尔内．短缺经济学 [M]．张晓光，李振宁，黄卫平，译，北京：经济科学出版社，1986.
② 这个"土地财政"和财务报表的映射模型，最早由厦门大学城乡规划设计研究院有限公司城市更新中心邱爽博士、曾馥琳、沈洁于 2022 年在集体讨论中提出。

1.2.2　城市政府的资产负债表

城市经济就是城市地域内所有商业模式的集合。城市政府作为公共服务的提供者，一定有自己的资产负债表和利润表，也一定服从两阶段模型中给定的约束条件。只有在城市政府的资产负债表和利润表的大框架里，才能理解不同城市更新模式背后的财务机制。为此，我们首先需要理解什么是公共服务。

启动不同的商业模式所需的生产要素不同，但其中某些生产要素是多数商业模式所共需的。[①] 如果这些要素依靠每一个市场主体自己提供，其启动资本就会非常高昂。如果由一个第三方以共享的方式提供，就可以大幅降低商业模式的初始资本，原本需要大量重资产的商业模式就可以以轻资产模式运行。[②] 这个"共享的要素"就是所谓的"公共产品"，"城市"就是公共产品的集合，"政府"则是专门提供公共产品的企业。[③]

"城市是一组公共产品的集合""城市政府是专门提供公共产品的企业"。这两个定义意味着我们可以将公共服务在财务上视作一系列资产负债表，并像对普通企业那样对政府的"财政"进行"财务"分析。想象一个由一条道路组成的城市，该条道路的造价 9 亿元，政府融资 10 亿元，其中一半来自贷款，进而形成负债（Liability），一半来自自筹，形成所有者权益（Equity）。建设支出 9 亿元后，形成一个由 9 亿元固定资产和 1 亿元现金资本（流动资产）构成的资产（Asset），二者共同构成了这个城市地方政府的资产负债表（表 1-1，图 1-4）。

表 1-1　城市政府的资产负债表（单位：亿元）

资产		负债和所有者权益	
10		10	
固定资产	流动资产	贷款	自筹
9	1	5	5

（表格来源：作者自绘）

如果收益（Revenue，即道路收费）每年是 0.5 亿元，而费用（Cost）包括折旧每年 0.3 亿元（固定资产按 30 年直线折旧）、财务费用每年 0.05

---

① 比如，每个企业都需要电力、道路、港口、机场……每个家庭都需要学校、医院、治安、绿化……
② 由于固定成本降低，整个经济就可以孵化出更多新的商业模式，经济也就可以实现高速扩张。
③ 赵燕菁. 城市的制度原型 [J]. 城市规划，2009,33(10):9-18.

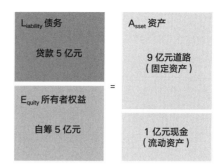

图 1-4 城市政府的资产负债表示意图
（图片来源：作者自绘）

亿元（流动资产按 5% 计算利息）和运维费用每年 0.05 亿元（管理、维护），每年总支出为 0.4 亿元；收入（0.5 亿元）和费用（0.4 亿元）的差额就是这条路的利润（Profit），每年总计 0.1 亿元，这些共同构成这个城市政府的利润表（表 1-2，图 1-5）。

表 1-2 城市政府（公共产品）的利润表（单位：亿元 / 年）

收益	支出			利润
0.5	0.4			0.1
	折旧	财务成本	运维支出	
	0.3	0.05	0.05	

（表格来源：作者自绘）

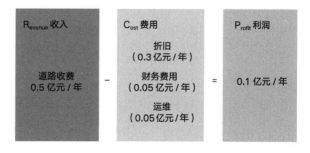

图 1-5 城市政府（公共产品）的利润表示意图
（图片来源：作者自绘）

在这个例子里，"路"只是用来简单地代表基础设施，进一步用"公共服务"代替"路"，我们就可以对城市政府的行为进行财务分析。城市是一个法定行政区内公共服务的集合。在这个行政区内，政府作为垄断的公共服务提供者，其收益主要来自税收。税收就相当于上述例子中道路收费带来的收益，其定价主要是根据公共服务运营的支出决定的——税收要足以覆盖折旧、财务和运维成本，这就是所谓的平衡预算。如果税收低于公共服务带来的真实收益，这部分"价值漏失"就会转移到公共服务覆盖的土地上。还是以上面的道路为例，如果针对道路不是按照消费者（居民和企业）的效用评价（0.5 亿元）收费，而是按照生产者（政府）的实际支出（0.4 亿元）收费，道路两侧的土地就会承接剩余的公共服务价值外溢（0.1亿元）。如果存在土地市场，那么土地所有者就可以交易这部分外溢，而地价就是市场对这部分公共服务外溢或漏失利润的估值。[①]

至此可以得出一个非常重要的结论：土地的价值来源于城市政府利润表上由于平衡预算规则不完善所漏失的利润，地价是这部分利润的贴现，属于政府（公共服务提供者）资产负债表中的资产，卖地收入要计入城市政府资产负债表中的所有者权益。[②]这个结论非常重要，也是亨利·乔治（Henry George）、孙中山等人提出"涨价归公"的主要依据。

1.2.3　公共服务的商业模式

按照上述分析，同样是"政府"，由于财税制度不同，提供公共服务的定价模式也并不相同。

1）对于采用税收财政的政府来说，在常见的土地私有的情况下，公共服务的提供者要想回收外溢的公共服务价值，只有两种办法：第一种是对公共服务的使用者收费，比如个人所得税。但这种收费办法只适用于受益比较平均的公共服务，比如国防、外交；第二种是对公共服务覆盖的不同空间实施差异化收费，比如财产税（Property Tax）。这种收费办法适用于价值外溢在空间上不均等的公共服务。显然，中央政府提供的服务大部分属于第一种，而城市政府提供的服务大部分属于第二种。税收财政的特点是政府在投资阶段很难构筑资产负债表，特别是土地的获取成本极高。[③]而一旦建立起资产负债表，要维持运营阶段的利润表则相对比较容易，对企业税收的依赖较轻。在这种财政模式下，土地所有者完成投资阶段的建设后，政府主要负责运营阶段（也就是所谓的服务型政府）（图1-6）。

2）对采用土地财政的政府而言，在土地公有的前提下，公共服务的提供者就可以通过出让土地为投资融资，进而形成资产负债表。融资除了要形成

---

① 这就是为什么随着城市公共服务水平的提高，城市物业的市场价格会不断上升，同等的公共服务，税收越低，地价就越高。在中国，由于税收的标准是全国统一的，因此，地价较高的城市必定是公共服务更好的城市。
② 明白了地价的本质，也就可以理解土地所有制在建立地方政府资产负债表时的重要作用——如果土地私有，漏失的利润就会落进私人口袋里；反之，若土地公有，这部分利润就会转化为所有者权益。
③ 往往需要极端的途径才能跨越产权重置的成本，比如通过战争从其他经济体攫取原始资本（欧洲），或通过殖民压低土地产权重置成本（北美）。

基础设施（Fixed Asset），还要招商引资，通过对产业收费进而覆盖公共服务在利润表里形成的各种支出。在土地财政里，完成公共服务配套后剩余的土地可进一步分为两类：一类是住宅用地，可视为政府通过将自己的所有者权益让渡给愿意参与公共服务投资的居民后获得的融资；另一类是产业用地，可视为政府通过招商引资获得的税收，也就是政府通过提供公共服务在利润表中实现的营收（图 1-7）。这个模式的特点是，政府无须依赖外部资本输入即可完成资产负债表的构筑，但同时却会高度依赖产业税收——由于针对居民的公共服务收费已经提前贴现，政府不仅无法对同为城市股东的居民征税，还要与居民分享公共服务带来的增值，这就要求政府在运营阶段必须获得足够多的产业税收，才能支持运营阶段利润表。在土地金融这个模式里，政府既是城市公共服务的开发者，也是公共服务的运营者（也即所谓的发展型政府），政府与企业的效益高度绑定。

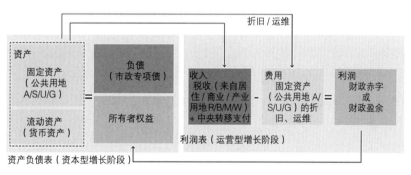

图 1-6　税收财政下的城市财务结构
（图片来源：作者自绘）

注：图中的 A/S/U/G 以及 R/B/M/W 代表用地分类，分别为：A——公共管理与公共服务用地，S——道路与交通设施用地，U——公用设施用地，G——绿地与广场用地，R——居住用地，B——商业服务业设施用地，M——工业用地，W——物流仓储用地

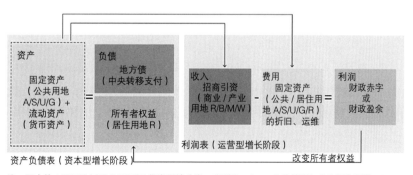

图 1-7　土地财政下的城市财务结构
（图片来源：作者自绘）

注：图中的 A/S/U/G 以及 R/B/M/W 代表用地分类，分别为：A——公共管理与公共服务用地，S——道路与交通设施用地，U——公用设施用地，G——绿地与广场用地，R——居住用地，B——商业服务业设施用地，M——工业用地，W——物流仓储用地

对比这两种不同的公共服务定价模式可以看出，税收制度与土地制度是密切相关的：①如果是税收财政，就应当采取直接税，向附着了外溢公共服务的土地及其上的财产征税；如果是土地财政，就只能采用间接税，向产业征税而不是向土地及其上的财产征税。相应地，城市化的初始土地所有制也必须与税收制度相匹配。②税收财政在投资阶段对外部资本高度依赖，但在运营阶段却可以自主循环；土地财政却相反，第一阶段可以自主启动，但维持运转则需要借助产业，持续从外部"输血"。

1.2.4 土地金融与土地财政

众所周知，中国的城市化采用的是土地金融的模式。这是因为中国的建国理念决定了，我们不可能像西方国家那样从外部掠夺获得资本，而城市土地公有是中国土地公有这一基本国策的核心内容之一。城市政府通过土地金融（卖地融资）建设了大量高标准的基础设施。尽管这一模式遭到了很多人的批评，但从前文对资产负债表的分析中可以看出，卖地不过是一个融资工具，其本身是中性的，无所谓好坏，关键要看卖地所获融资的具体用途——如果将相关资金用于公共服务的投资建设，并通过招商引资带来企业税收，且税收能覆盖公共服务的折旧和运维成本，从而形成完整的资产负债表和可持续的利润表，这就意味着土地金融升级为了土地财政，[①] 那么卖地就是好的融资；反之，如果相关投资没有创造收入，或者新增收入不足以覆盖新增的支出，就无法实现利润表的平衡，在这种情况下，卖地就是坏的融资。

在实践中，人们很难理解为什么卖地所得不是"收入"而是"融资"，但只要我们建立起土地财政下的政府资产负债表，马上就可以看清楚，卖地收入其实属于政府通过转让"所有者权益"的方式出资。如果说市政债是债权融资，卖地则相当于股权融资。一旦土地卖出（使用权转让），政府也就从此失去了未来公共服务外溢到土地上的收益。

中国与发达国家城市化最大的不同，在于针对公共服务定价的方式。在西方国家，政府提供的公共服务通过征收财产税向居民收费，因此公共服务体现在政府利润表的"收入"项下；而中国的城市政府缺少征收财产税的权限，

---

① 这个被称为"土地财政"的增长路径，是中国城市化建设阶段得以高速完成的财务密码。准确地讲，现在人们批评的其实不是土地"财政"而是土地"金融"。引自：赵燕菁，宋涛.从土地金融到土地财政 [J].财会月刊，2019(8):155-161.

图 1-8　中国与西方城市政府资产
负债表结构的比较
（图片来源：作者自绘）

但却拥有城市土地的所有权。政府出让的，是未来因免税而外溢到土地上的公共服务残值。公共服务主要体现在资产负债表的"所有者权益"项下，因此，在西方国家城市政府的资产负债表右侧主要是债权融资，而在中国城市政府的资产负债表右侧，则是以股权融资（即卖地）为主（图 1-8）。

　　中国和西方国家土地制度的差异，决定了各自城市政府会计报表的不同。土地收益在西方国家城市政府的财政收入中并不重要，因为土地私有，政府不能通过卖地获得收益，容积率多少也因此并不重要，重要的是作为税收标的的不动产的价值，因为所有政府的公共服务最终都会外溢并体现在不同地段不动产的价格里，而政府通过对财产收税回收了公共服务运营的成本。中国则不同，由于没有财产税，所有公共服务的价值都体现在地价里，如果不出让土地，公共服务的成本就无法回收。[①] 正是这种差异，决定了中国和其他国家的城市政府具有不同的资产负债表，其经营逻辑和市场行为也会大相径庭。[②]

1.3　增长转型下的城市更新

1.3.1　转型阶段政府的财务特征

　　从人口的角度判读资本型增长和运营型增长的分界，就是著名的刘易斯拐点（The Lewis Turning Point）。当农业人口停止向城市人口转变，城市化

---

① 近年来，中央政府抑制地价（房价）的政策不断加码，这一政策导致了城市所有者权益（居民财富）的贬值。由于"史上最严"的房地产调控措施降低了不动产的流动性，导致包括政府所有者权益在内的全部资产净值的巨大收缩，使中国地方政府深陷资产负债表衰退。
② 例如地方政府间存在激烈的竞争，参见张五常和周黎安的相关研究。引自：张五常 . 中国的经济制度：中国经济改革三十年 [M]. 北京：中信出版社，2009. 周黎安 . 中国地方官员的晋升锦标赛模式研究 [J]. 经济研究，2007(7):36-50.

就要从 1.0 转向 2.0，增长也就要从高速度转向高质量。当城市进入运营型增长阶段，增量的人口迅速减少，新增的基础设施和公共服务需求会渐渐消失，对土地的需求也将随之放缓。在投资阶段，看上去可以获取无穷无尽融资的土地市场其需求也开始变得饱和。继续增加的土地供给不是导致房价和地价的剧烈下跌，就是带来不动产销售"去化周期"的显著加长，烂尾项目频频出现，房地产企业债务接连爆雷，断贷楼盘四处蔓延……所有这一切意味着以前屡试不爽的"房地产+"模式不再有效。

从两阶段增长模型来看，中国目前城市更新所面对的既不是完全的资本型增长阶段，也不是完全的运营型增长阶段，而是处于两个增长阶段的转换点上。只有把城市更新放到城市化转型这个大的"坐标"里，才能理解为什么依靠增容和大拆大建的城市更新模式必须转型——因为这一模式所依赖的融资渠道"卖地"已经不复存在。如果忽视转型阶段的财务特征，选择了错误的城市更新模式，就会延长转型的痛苦，甚至导致转型失败，从而陷入长期的经济衰退。[①]

要选择正确的城市更新模式，首先要理解处于转型期的城市政府的财务与其他阶段相比有哪些不同的特征，概括来看，主要特征有如下两方面。

1）首先，进入城市发展转型期，城市政府的卖地收入会显著下降，可卖的土地和市场对土地的需求急速减少，但同时投资需求也会显著下降。由于城市的核心基础设施——"七通一平"，乃至其他公共产品（如学校、医院、机场、码头、地铁等）的投资建设已经基本完成，一次性固定资产投资在 GDP 增长中的占比会急速下降。大部分固定资产投资不仅不能带来税收等"收入"项的增加进而支持利润表，反而会通过折旧、利息等"支出"项的增加来侵蚀利润表。[②]资本型投资的减少，意味着资产负债表扩张的放缓，进而使增长减弱。城市开始从"起飞"转入"巡航"。

2）其次，从进入转型期开始，政府针对城市发展的一般性的运维支出会迅速增加。在投资阶段政府提供的城市公共产品和服务越多，到运营阶段维持

① 许多曾经风光一时的城市因转型失败而陷入长期萧条，这种案例在世界上屡见不鲜，比如美国的锈带城市、中国的工矿城市等。
② 继续加大固定资产投资拉动 GDP 增长，就会像企业完成固定资产投资后还一味建设厂房，购买设备，折旧、利息和其他运维成本必然会恶化运营阶段的利润表。任何融资都必须创造相应的收入，城市更新也不例外。第一个阶段无论是通过发行市政债（债权融资）还是通过卖地（股权融资）获得的融资都是未来收益的贴现，都需要在第二阶段用现金流来偿还。

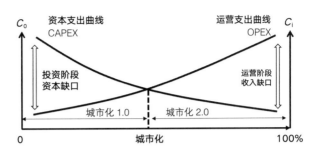

图 1-9　城市发展两个阶段政府的
财政特征
（图片来源：作者自绘）

这些公共产品和服务运转的支出也就越多（图 1-9）。按照不可替代原则，[①]
运维支出和投资支出存在本质的区别，前者只能通过一般性的收入去覆盖，而
不能用一次性的资本收入加以覆盖。城市化转型就意味着政府的工作从原来以
扩张资产负债表为核心转向以提升利润表为重点，要将怎样从存量资产中捕获
收益作为进入运营阶段后城市发展更主要的目标。利润取代"融资"（卖地、
负债）成为维持城市"巡航"的主要动力。

1.3.2 "容积率幻觉"

容积率[②]是城市规划中需要确定的最主要的指标，长期以来，规划师们并
不理解其经济含义。只有在资产负债表里，我们才能明白卖地是出让行政的
所有者权益，才能理解容积率的本质。在资本型增长阶段，大量人口和经济
活动涌入城市，城市公共服务处于供不应求状态，这会给城市管理者造成一
种错觉，似乎居民和企业对公共服务的需求是无限的，市场对土地的需求也
是无限的——只要供给土地，就是一定有需求。随着城市进入运营型增长阶段，
居民和企业的资产和土地需求的上界开始"硬化"，[③] 投资阶段最主要的融资
渠道开始枯竭。

从城乡规划学对容积率的定义来看，容积率不过是一个工程性，甚至"美
学性"的"技术性指标"。规划对容积率的误解，严重误导了城市管理者对容

---

① 所谓不可替代原则是指在两阶段增长模型中，资本性剩余和运营性剩余不能相互替代，也就是现金
流表中的不同科目的货币资产不可混用。引自：宋涛，赵燕菁. 供给侧结构性改革：研究范式及政策
选择 [J]. 社会科学战线，2020(5):75-84. 赵燕菁，宋涛. 城市更新的财务平衡分析——模式与实践 [J].
城市规划，2021,45(9):53-61.
② 容积率是规划许可建筑面积与用地面积之比，体现了土地可利用的强度。容积率增加相当于新增供
地。
③ 一个具体表现就是土地频繁流拍。

积率的认识。在他们看来，容积率就是免费得来的，可以为城市任意支出"买单"的技术指标。[①] 一旦我们把容积率放到两阶段模型里就会发现，容积率从一开始就不是"技术指标"，卖地所得也不是什么可以予取予求的自由现金流，而是城市公共服务提供者（政府）创造出的所有者权益，[②] 卖地相当于股权融资。

　　理解了卖地就是出让政府所有者权益获取融资，增容的本质也就一目了然。在土地出让前，如果政府增容，公共服务价值外溢的是国有土地，公共服务投资形成的所有者权益最终都会归政府所有；但如果土地已经出让，政府要征地再出让，此时政府就要先补偿私人土地上已经私有化的所有者权益（相当于以市场价格回购城市股权），只有重置产权后才能卖掉容积率增加部分的权益。正是土地权属的差异，决定了城市更新与新区开发之间存在关键性的差别。[③]

　　就像股票代表企业的所有者权益一样，城市政府的所有者权益与其提供的公共服务也是严格对应的——政府提供的公共服务数量和水平，决定了它能以什么样的价格出让多少容积率。正如前文所述，土地财政不是简单的卖地——卖地仅仅是土地金融，只有通过招商带来税收，才算真正完成土地财政的完整循环。[④] 通过城市政府的资产负债表一眼就可以看出，如果政府卖地融资后没有提供对应的公共服务，现有的城市投资人（已经买房的居民）的所有者权益就会被稀释，城市房价就会下跌；而如果政府卖地后提供了新增的公共服务（比如地铁、学校），但获得新增的收益却不能覆盖折旧和运维费用，负的利润同样会导致所有者权益减少，进而造成资产负债表收缩——城市陷入持续的收缩。[⑤]

　　因此，衡量一个城市更新项目是否平衡最直接的一个标准，就是要看更新后的卖地收入是否能带来足够的现金流。[⑥] 中国的城市政府一直欠缺规范的财

---

① 正因如此，几乎所有的规划局长都会遇到市长要求提高容积率的场景——如果市长想干什么没有钱，就去卖一块地，如果钱还不够，就增加容积率。
② 对于实行平衡预算的政府，任何资产的形成都要依靠融资，如果不能股权融资，就必须债权融资。由于地方政府举债受到严格限制，卖地就成为最主要的融资工具。城市规划局的权力之所以这么大，就是因为规划局能够看似无成本地"发行"容积率。
③ 如果一个城市更新项目不能带来新增税收，甚至反而还要消耗未来的税收，这个更新项目就不仅没实现财务平衡，甚至是破坏了财务平衡。也正因为如此，中国的城市更新相对通过财产税定价国家对产权重置的成本更加敏感。
④ 赵燕菁，宋涛. 从土地金融到土地财政 [J]. 财会月刊，2019(8):155–161.
⑤ 企业不可能依靠出让股票来维持资产负债表，政府也不可能靠卖地为其运营的公共服务买单。一旦公共服务难以维持，所有者权益归零，土地不再具有任何价值，土地就会流拍，住房就会有人断供，发展到最后，政府就会像资不抵债的企业一样破产。
⑥ 用这个规则对当前的城市更新项目加以衡量，可以发现我们目前正在推进的大多数城市更新项目都是不合格的。在投资阶段的资产负债表的规模越大，进入运营阶段后，利润表(财政收支)就越难以平衡。

务评估与审计制度，[①] 其中一个重要原因就是缺少对容积率与卖地收入正确的财务解释。这一点对于以债权融资为主的西方国家的城市政府而言，并不是致命的问题，但对于采用以"股权"（卖地）融资为主的中国城市政府来说，容积率的财务解释就变得非常重要。[②]

正如前文所述，公共服务的价值外溢都会投影到土地的价值上。公共服务的水平越高，土地的价值也就越高。而容积率的价值来源于公共服务的市场价值与公共服务提供者（政府）收费之间的差值，其本质就是公共服务价值漏失的部分。在征收财产税的国家，这部分公共服务的价值大部分会被政府的财产税所捕获，漏失到不动产中的相对较少。而在中国，由于缺少财产税，外溢到土地上的价值十分巨大，这就直接赋予了城市容积率巨大的价值。

随着政府公共服务水平的不断提高，容积率的价值也会不断增加，不动产就成为推动居民财富保值、增值的重要工具。拥有一个城市的不动产，也就拥有了参与分享城市公共服务升值的所有者权益。[③] 卖出城市容积率，就相当于城市政府在进行"增资扩股"。[④] 由于容积率是城市政府在收取的税收之外漏失的公共服务价值，其价值没有进入政府的资产负债表，因此容积率无法被登记为政府的权益，正是这一会计遗漏，使政府误以为卖出容积率获得的收益是"免费"的，形成所谓的"容积率幻觉"。[⑤]

在现实中，城市的容积率也的确是由城市规划部门决定的。由于城市规划局在政府里被视作一个单纯的"技术部门"，其"发行"容积率时几乎没有任何财政约束，从而进一步强化了政府的"容积率幻觉"。正因如此，能够"制造"容积率的技术标准和控制性详细规划，往往会面对政府提高容积率的强大压力。在政府看来，财政缺口似乎都能靠卖一块地来解决。

土地收益很像是资源收益，把它计入城市资产负债表的哪一项里，对于城

[①] 很多人都已经意识到用 GDP 这样简单的指标来判定城市的增长绩效是有问题的，但还没有能力建立起全新的资产负债表，进而用来评估一个城市的运行状态。
[②] 如果所有者权益存在缺失，地方政府就无法建立起完整的资产负债表，当然也就谈不上对一个政府的决策后果和城市的运行质量进行正确的评估。
[③] 这是中国城市普遍存在违章建筑以及全民"炒房"现象背后的市场动力。
[④] 拍卖容积率所得在资产负债表里应当记在所有者权益项下的"资本公积"，其本质就是城市政府通过股权转让获得的融资。
[⑤] 这个概念由我的学生邱爽和曾馥琳在讨论中首次提出。参见：容积率幻觉：谬误与修正 [OL]. 微信公众号"存量规划前沿"，2022–09–12。

市经济的可持续性至关重要。① 现实中，凡是把资源性收入当作自由现金流的城市无不落入收缩城市的悲惨结果。可以类推，一旦我们把"增容"收入当作自由现金流，城市就一定会遭遇到和"资源诅咒"类似的"容积率诅咒"。② 容积率就好比是城市的石油。大量城市都在把增加容积率获得的卖地收入当作财政的自由现金流，城市政府用卖地收入建设了大量不能带来利润的"大白象"工程，③ 这些投资不仅不能给利润表带来正收益，反而生成大量折旧和运维费用。负利润的财务后果，就是诱发城市资产负债表收缩，"收缩的城市"就是其必然的归宿。

1.3.3　产权重置成本

产权重置指的是在城市化过程之中对原有资产进行征用和拆除以实现产权转移。在城市化 1.0 的高速度增长阶段，一级土地市场的土地来源主要是征用农村的耕地和住房。由于这些土地缺少公共服务配套，按照其实际用途，土地的估值较低，与配套基础设施后可以出让的土地价值相比，产权重置成本极低。特别是中国特有的"农地村有、城地国有"的制度，使得城市政府能够垄断一级土地市场——由于农民不是城市的"股东"，只能按照农地的市场溢价把城市建设需要的土地卖给城市政府，从而极大地压低了城市化产权重置成本，为城市政府通过国有土地权益出让融资创造了可能。④ 可以说垄断一级市场是"土地财政"得以完成的前提。正是借助这一独特的土地制度，中国成功压低了城市化 1.0 阶段难度最大的产权重置（非城市土地征拆）成本。⑤

---

① 参见：邱爽，曾馥琳，沈洁. 融资 or 收入：土地出让金的财务性质 [OL]. 微信公众号"存量规划前沿"，2022-09-19。
② 这就是所谓"收缩城市"的经济解释。可以同样用来解释煤矿、石油等资源型城市的扩张与收缩。由于"天然"矿产没有被计入政府的资本项，卖矿的收入也被计入收入而不是所有者权益。结果导致"家中"有矿的原住民和煤老板一夜暴富。进一步，由于采矿权没有被政府视作所有者权益，一次性卖矿所得往往被政府用以修建奢侈的公共产品，一旦卖矿难以为继，就会出现所谓的"资源诅咒"。矿产的价值是发现其用途的投资所创造的，一次性卖矿收入必须进行再投资进而将其转化为可持续的现金流收入（如挪威和中东国家把石油收入投入主权基金而不是像苏联那样用作财政支出），才能避免"资源诅咒"的发生。
③ 所谓"大白象"，来源于暹罗（即泰国）国王，会将白象作为礼物赠送给那些令其厌恶的人，接受者则会因昂贵的饲养成本而破产，通常是指毫无用处却又十分昂贵的事物，特别是用来形容种种浪费资源却无实际用途的政府投资的门面工程和项目。比如豪华的办公和文化设施（音乐厅、博物馆），无效益的大广场、大马路，昂贵的地铁，以及城中村改造等。
④ 对比原住民国家，大多完成城市化的国家（欧洲国家和日本）都是通过海外殖民、战争获得产权重置的成本；而中国大陆则与非原住民国家和地区（美国、加拿大、澳大利亚、新西兰、新加坡，以及中国香港的港岛和九龙）类似，依靠低价获取土地和高价出让土地获得启动城市化的原始资本；其他没有殖民地的非原住民国家（印度、非洲国家），到目前为止仍无一跨越城市化 1.0 的门槛。
⑤ 公共服务分摊了企业部门和家庭部门所需支付的重资产成本，才使得中国价格低廉的劳动力获得相对于劳动力同样廉价的其他发展中国家（比如印度和越南）的竞争优势，中国城市才能成为全球化中劳动力供给和企业运营的成本洼地，这也是中国和其他发展中国家最大的不同。

但当城市发展进入转型阶段，产权重置成本就会急剧增加。因为此时征拆对象的身份已经不是农民，而是城市的"股东"，政府征拆的经济含义类似于股票市场上赎回"散户"的股权。在增量投资阶段，城市政府获取融资依靠的是配套公共服务前后的土地价格差异；在存量运营阶段，如果城市政府获取的融资仍是来自于公共服务改善后物业的升值，而与前一阶段不同，此时城市政府要按照市场价格溢价首先赎回其售出的"股份"，然后再溢价出售融资。可以说，巨大的产权重置成本差异乃是划分增量开发与存量更新的分水岭。任何一项城市更新项目，首先要解决的就是产权重置所需的巨大成本；城市更新的成败，很大程度上也取决于能否获得足够的"净资本"以完成产权重置。[①]

土地财政在城市化第一阶段的巨大成功，很容易让城市政府产生路径依赖——继续通过土地融资以完成城市更新，在他们看来，只要更新后的建设面积能够增加，总是可以覆盖完成产权重置所需的成本，这就是所谓的"增容"。如前所述，增容所得并非"无偿"获得，而是需要对应新增的公共服务。如果在公共服务数量不变的条件下，提高了改造后的容积率，就意味着原来业主的所有者权益被稀释了，同样的学校、医院、公园、道路等要容纳更多的消费者，导致公共服务"拥挤"和效用下降。

如果新增公共服务，则必定需要出让更多的容积率。由于容积率本质上是融资，为了维持资产负债表，就需要有足够多的新增收益来"养"这些新增的资产。通过增容股权融资形成的资产，马上就会通过折旧、运营和财务等成本进入图 1-2 中的费用项。在中国这样一个以间接税为主的国家，大部分的城市更新项目都不能给城市政府带来新增现金流（税收或其他收费）。利润表中的收益项一旦小于费用项，就会使得城市政府的债务变得越来越重。如果未来公共财政一直是赤字运行，城市政府资产负债表就会不断收缩，直至走向破产。[②]

1.3.4　城市更新的规则

通过以上分析，可以得出城市更新应当遵循的两个主要财务规则。

---

① 为此，陶然提出让不同城中村竞争改造资格的办法来降低拆迁成本，参见：旧区更新：破解三大博弈困局有三策 [OL]. 微信公众号"中国社科院城市与竞争力研究中心"，2020-09-14。
② 判断一个城市更新方案的好坏，一个简单的标准就是看其是否需要新增容积率，增加得越多，代价就越高，这个方案就是坏方案；而降低容积率的不二法门，就是尽量避免产权重置。

规则一：不能导致政府出现负的现金流。要将土地出让对现金流表中成本项和收益项的影响纳入评估。在中国，住房交易完成后城市政府不仅再无相关收入，相反，还要开始按照之前的约定"免费"为居民提供 70 年的公共服务。如此一来，出让的土地越多，未来政府的预算支出也就相应越大——房地产在中国虽然能给城市政府带来正的资本收入，却也同时会带来负的现金流。

规则二：不能导致不动产价格暴跌。土地是城市公共服务的载体，居民和企业获得土地的目的，是为了获得使用公共服务的便利，地价的本质就是市场对公共服务便利未来能带来的价值的贴现。运营阶段的公共服务需求基本稳定，这就意味着，在资本型增长阶段那种靠无节制"增容"来平衡重置和建安成本的模式不再可行。在政府、居民、企业各自的资产负债表中，不动产都是最主要的所有者权益。不顾需求减少继续无节制地卖地（增容），就会导致不动产供过于求，房价下跌。房价螺旋下跌的结果，很容易使不动产失去流动性，所有市场主体都会陷入资产负债表萎缩，也就是所谓的"大萧条"。[①]

1.4 结语

在城市增量扩张阶段，城市规划要解决的主要是工程问题，而一旦城市进入存量发展阶段，城市规划要解决的问题就转变为财务问题。可以说，财务解决方案不仅决定了城市更新模式的选择，还决定了城市更新最终的成败。之所以强调"最终"，乃是因为局部看似成功的财务解决方案，从长远看却可能是失败的——错误的改造模式，将会给政府未来的财务埋下巨大隐患。特别是在城市发展位于从增量扩张向存量提升转型的关键节点上，"卖地"已经难以为继，一个城市如果不能同步完成城市更新模式的转变，轻则丧失发展机遇，重则深陷债务陷阱，在未来的城市竞争中被残酷淘汰出局。

展望中国城市的发展，在未来城市存量运营阶段的更新将会像城市增量投资阶段的建设那样，成为城市升级的最主要方式。能否找到正确的城市更新财务模式，将在很大程度上决定一个城市的兴衰。要做到这一点，政府必须像企业一样，建立起一个复式记账的现代会计报表。没有正确的资产负债表，诸如"容积率幻觉"这样的错误就会不断出现。城市运营者小到对城市更新项目方

---

① 这也就是为什么房地产调控一定要从控制供给规模开始，而不能从控制需求价格开始。

案的制定，大到对城市经济绩效的评估，都将无法做出正确的选择。城市化从增量建设向存量运营转变的过程，一定会是一个非常艰难且陷阱重重的过程，未来中国城市会因此出现新一波"大分流"。在此过程中，城市规划行业将要面对的是一个自己完全不熟悉的全新课题。城市建设的基本结束并不意味着城市规划行业的终结，恰恰相反，一旦学会了对城市更新进行财务分析，城市规划将再次站在转型大潮的巨浪之巅。

赵燕菁 邱 爽 沈 洁 曾馥琳 ①

第 2 章 城市用地的财务属性——从用地平衡表到资产负债表

导读

　　用地平衡表是城市土地用途管制最基础的工具之一，但这一工具和城市经济之间的关系却一直模糊不清。通过建立城市土地用途和会计三大报表中的资产负债表及利润表之间的对应关系，城市规划就可以清晰地刻画出用地平衡表和城市财务绩效的关系，从而打通城市规划与城市经济之间的屏障。引入财务报表后，不同的城市用地可以根据其财务性质分为服务、收益和融资三大类。其中，Ⅰ类用地：公共用地，包括"七通一平"、学校、医院等提供服务的公共基础设施用地，这类用地大部分是不能给地方政府带来直接收益的划拨用地；Ⅱ类用地：产业用地，包括工业、商业、办公、酒店这类可以带来现金流收益（税收）的用地；Ⅲ类用地：住宅用地。每一类用地在城市更新中都应采用正确的模式，才能满足城市的财务目标——可持续的资产负债表。

2.1 背景

　　土地的用途管制是城市规划的基础。1933 年，CIAM（国际现代建筑协会）召开第四次会议，通过了由勒·柯布西耶起草的《雅典宪章》。《雅典宪章》认为城市应按居住、工作、游憩进行分区，城市规划的任务就是实现各功能分区的"平衡"并建立联系三者的交通网。②《雅典宪章》奠定了现代城市规划的基础，"用地平衡表"也因此成为城市土地用途管制的基本工具。鉴于用地平衡表在城市土地宏观管理中起着基准的作用，寻找各类用地的最优比例，就成为城乡规划学科大厦的最主要的工作。

---

① 本文是中国电建集团华东勘测设计研究院有限公司博士后科研工作站"基于城市经营理念的城市更新理论、模式与策略研究"课题成果的一部分，发表于《城市规划》。
② 勒·柯布西耶. 雅典宪章 [M]. 施植明，译. 台北：田园城市文化有限公司,1996.

但令人称奇的是，如此重要的一个比例却很少被规范地研究过。国家标准《城市用地分类与规划建设用地标准》GB 50137—2011[①] 中推荐的用地比例，[②] 仅是从大量城市归纳出的经验参数。它既不反映城市的分工属性（城市性质），也不反映城市的阶段属性（增量还是存量）。之所以最优的用地比例长期停留在"大拇指规则 (Rule of Thumb)"水平，很重要的一个原因，就是用地平衡表并没有反映用地比例变动背后的经济含义。

本书的目的，就是建立起土地用途与城市会计报表（主要是资产负债表和利润表）之间的对应关系，从而将空间规划问题转变为经济绩效问题。之所以选择以资产负债表为核心的会计报表作为用地平衡表的对应，乃是因为资产负债表两端相等的结构（资产＝负债＋所有者权益）意味着任何一项土地用途的改变，都会引起城市整个财务状态的改变，这也意味着每一项土地用途的背后都受到强制性的财务约束，而这种强制性正是用地平衡表所缺少的。

2.2 城市政府的资产负债表

城市是一组公共服务的集合。政府作为公共服务的供给者和所有企业一样拥有自己的会计报表 (Accounting Statements)。其中最主要的是会计三大报表中的资产负债和利润表。资产负债表（Statement of Assets and Liabilities）表示企业在一定日期（通常为各会计期末）的资产、负债和所有者权益的状况。利润表（Profit Statement）也被称为损益表（Profit and Loss Statement），它揭示的是企业在某一特定时期实现的各种收入、发生的各种费用、成本或支出，以及企业实现的利润或发生的亏损情况。与用地平衡表关系最密切的就是这两个会计报表。

城市政府的资产负债表和企业的资产负债表一样，负债端显示的是城市的"钱从哪里来"，资产端显示的是"钱到哪里去"。资产和负债端一定是相等的（图 2-1）。在中国的土地财政模式中，"钱"主要是从房地产中来，其中最主要的就是住宅用地，其真实的经济含义就是通过出让未来公共服务，相当于城市政府通过股权进行融资，其收入形成政府的负债—权益项。这些

---

① 中华人民共和国住房和城乡建设部. 城市用地分类与规划建设用地标准：GB 50137—2011[S]. 北京：中国建筑工业出版社，2011.
② 根据《城市用地分类与规划建设用地标准》GB 50137—2011，居住用地占城市建设用地的比例为25% ~ 40%，公共管理与公共服务设施用地为 5% ~ 8%，工业用地为 15% ~ 30%，道路与交通设施用地为 10% ~ 25%，绿地与广场用地为 10% ~ 15%。

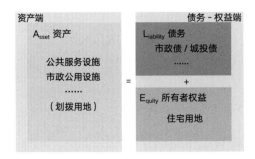

图 2-1　城市政府的资产负债表
（图片来源：作者自绘）

融资主要用来建设"七通一平"，也就是公共服务所需要的基础设施，从而形成政府的资产。与资产对应的用地，就是所谓的划拨用地，大体上相当于用地平衡表中的公共设施用地（道路、市政、学校、政府、公园等）。

　　城市政府的利润表是将当期所有的收入和所有的费用分别列在一起，然后两者相减得出当期净损益（图 2-2）。政府的主要收入来自于税收，对应的城市土地主要是产业用地，包括工业用地、办公用地和商业用地。这些土地占地越多，意味着收入越多。政府的支出则主要用于公共服务，其对象就是城市居民，对应的城市用地就是居住用地。作为资产负债表里资本主要来源的居住用地，在利润表里则变成了支出的大项。居民越多，需要的公共服务支出（包括公共服务用地）也就越大，能用于"生财"的产业用地就越小。

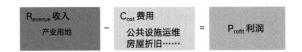

图 2-2　城市政府的利润表
（图片来源：作者自绘）

　　可以看出，中国城市政府的资产负债表和利润表的构成和西方国家有很大的不同。其中最主要的不同来自于土地财政，实质上是居住用地的财务属性不同。在西方国家城市政府，居住用地没有融资功能，政府融资主要通过发行市政债。而中国居住用地出让和抵押（城投债）则是资产负债表中债务—权益端最主要的资本来源。由于西方国家不是卖地融资，居住用地就需要为公共服务缴费，也就是所谓财产税。在西方国家城市政府的利润表里，居住用地不仅不是政府的费用项，还是政府收入的主要来源，建设住宅和中国建设工厂本质一样，都是生财性的。

　　正是由于中国城市政府和西方国家城市政府资产负债表和利润表的构成完

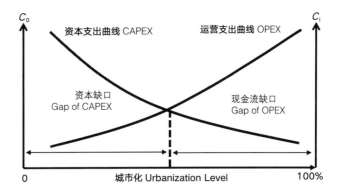

图 2-3 随着城市化完成，城市的资本性支出减少，运营性支出增加[①]
（图片来源：作者自绘）

全不同，中国的用地平衡表和其他国家的用地平衡表也完全不同。中国的产业用地占比远远高过其他国家，而其他国家的居住用地占比则远远高过中国城市。这也意味着居住用地占比（包括容积率增减）在中国有着和其他国家完全不同的财务含义。也正是由于这种差异，中国城市化在不同发展阶段（图 2-3），最优的土地用途构成也完全不同。在城市快速增长阶段，城市需要大量的居住用地以满足融资的需要；在城市进入存量更新阶段，则需要大量的产业用地以满足税收的需要。城市用地结构在不同发展阶段的这种转换，对于城市更新而言要比城市用地空间总量的增减更加重要。

建立起土地用途和财务之间的对应关系，我们就可以更深刻地理解城市转型过程中的城市更新规划。当城市进入存量增长阶段，最大的支出不是资本性支出，而是经常性的支出。城市更新的目标不是融资最大化，而是税收最大化。同样是居住用地，如果改为保障房，就可以增加产业用地的吸引力带来更多的税收；如果直接对不动产收税，居住用地就会从财务的费用项转变为收入项；如果继续增加一次性出让的居住用地容积率，则未来的一般性支出还会进一步增加，暂时的土地收入可能会弥补资产负债表的缺口，但会给利润表带来长远的更多一般性支出的费用，赤字增加又会带来更大的融资压力。对于公共服务设施用地，也不是越多越好。如果传统的公共空间也能带来一般性的收入，这部分土地就会从利润表的费用项变为收入项。

① 赵燕菁, 宋涛. 城市更新的财务平衡分析——模式与实践 [J]. 城市规划, 2021,45(9):53-61.

2.3　土地用途的财务映射 ①

为了更好地将对地方政府的财务分析转化为城市规划的问题，我们按照土地财政的逻辑建立起城市土地的不同用途和两阶段增长模型之间的对应关系。理论上，资产负债表和利润表上每一个科目都可以找到对应的空间，但为简化起见，本书暂将城市规划用地平衡表中不同的土地按财务用途分为三类，即公共用地、产业用地和住宅用地。然后，用会计表中的资产负债表，刻画城市的高速度增长阶段；用会计表中的利润表，刻画城市的高质量增长阶段。② 最后，建立起这三类用地和资产负债表、利润表之间的映射关系。

1）与资产负债表对应，城市土地可以分为三类：Ⅰ类用地：公共用地，包括"七通一平"、学校、医院等公共基础设施用地，这类用地大部分是划拨用地，不能给地方政府带来直接收益；Ⅱ类用地：产业用地，包括工业、商业、办公、酒店这类可以带来现金流（税收）的用地；Ⅲ类用地：住宅用地（图2-4）。在中国，住宅用地不能产生现金流却享受了大量Ⅰ类用地外溢的公共服务，通过房地产市场，可以将Ⅰ类用地资产形成的所有者权益贴现过来。③ Ⅰ类用地对应资产负债表中资产端的城市公共资产项，Ⅱ类用地对应利润表中的收入项，Ⅲ类用地对应资产负债表中的债务—权益的股权融资（图2-5）。

城市建设用地平衡表			
序号	用地代码	用地名称	用地色块
1	R	居住用地	
2	A	公共管理与公共服务用地	
3	B	商业服务业设施用地	
4	M	工业用地	
5	W	物流仓储用地	
6	S	道路与交通设施用地	
7	U	公用设施用地	
8	G	绿地与广场用地	

城市建设用地财务属性表			
用地类型	财务属性	用地代码	用地名称
Ⅰ类公共用地	资产	A	公共管理与公共服务用地
		S	道路与交通设施用地
		U	公用设施用地
		G	绿地与广场用地
Ⅱ类产业用地	收入	B	商业服务业设施用地
		M	工业用地
		W	物流仓储用地
Ⅲ类住宅用地	融资	R	居住用地

图2-4　将城市规划用地平衡表中不同的土地按财务用途分为三类用地
（图片来源：作者自绘）

2）第Ⅰ类用地和第Ⅱ类用地都会对利润表产生影响，前者第Ⅰ类用地（公共用地）带来成本（折旧、运维），后者第Ⅱ类用地（产业用地）创造收益（税收、租金）。土地财政平衡的条件，就是第Ⅱ类用地带来的收益要大于等于第Ⅰ类用地带来的支出。由此我们可以理解，城市规划里基于经验归纳出来的城

---

① 本书城市用地指广义概念，不仅包括城市用地的平面，还包含用地上的空间。
② 邱爽，曾馥琳，沈洁.融资 or 收入：土地出让金的财务性质[EB/OL].微信公众号：存量规划前沿，2022.
③ 事实上，中国地方政府也正是通过这一机制，获得了前两类用地所需的巨额融资。因此，在城市建设阶段，地价越高，Ⅲ类用地所能形成的资产就越多，提供的公共服务就越好，招商引资就越多。

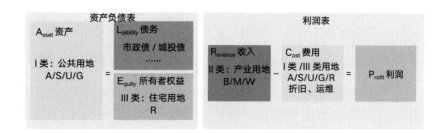

图 2-5　三类用地在资产负债表、
利润表中的对应关系
（图片来源：作者自绘）

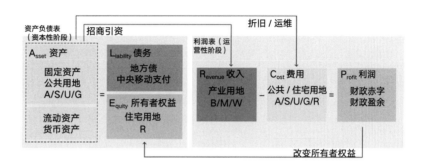

图 2-6　土地财政模式的财务报表
（图片来源：作者自绘）

市用地平衡表，其背后隐藏的是城市政府的资产负债表和利润表。不同用地比例的划分和确定以城市政府要实现正的利润为前提，最优的用地比例，就是城市政府利润最大化时的数值。[①]

　　从图 2-6 中可以发现，城市政府的资产负债表能否成功转变为正的利润表，关键是看城市政府从 Ⅱ 类"产业用地"获得的收益能否大于 Ⅰ 类"公共用地"和 Ⅲ 类"住宅用地"带来的支出。在西方国家，住宅用地会产生财产税，类似于中国的产业用地。因此，在城市建设的资本型增长阶段，西方国家的城市政府难以通过卖地获得融资，因此其融资效率不如中国的城市政府，公共设施也因此不如中国；但一旦城市发展进入第二个运营型增长阶段，西方国家的住宅用地就会产生相应的收益（财产税[②]），因此其城市政府平衡利润表的压力比中国的城市政府要小（图 2-7）。反观中国的城市政府，它们不仅无法从这些用地中获得收益，且此前高水平建设起来的基础设施（高

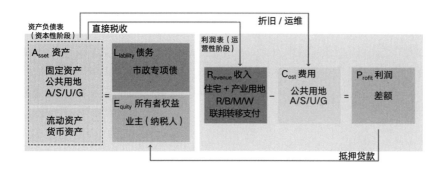

图 2-7 财产税模式的财务报表
（图片来源：作者自绘）

铁、地铁……）还会带来更高的折旧，增加运营增长阶段的财政支出压力。[1]这就是为什么中国可以在资本型增长阶段用比西方国家更快的速度、更高的水平构筑资产负债表，却在运营型增长阶段面临比西方国家更大的难度以维持利润表的平衡。[2]

完成了城市两阶段增长财务分析与城市空间职能的匹配，城市更新的空间对策也就呼之欲出了：在运营型增长阶段，政府的财务要以建立资产负债表优先，转向维持利润表平衡优先。不仅投资型增长阶段的资产负债表要平衡，运营型增长阶段的利润表也要平衡。如果城市更新没能带来新增产业用地（没有新增收益），也就不能通过增容扩大资产负债表（因为会导致支出的增加）。目前多数的城市更新项目策划，只分析到城市更新的第一阶段——拆除和重置，似乎只要这个阶段的投入—产出平衡，改造方案就是可行的。但如果放到两阶段增长模型里，我们就可以知道，这些只不过是整个项目的第一阶段而已。

如果城市更新的资本来源于融资，那么这些成本并不会随着第一阶段的完成而消失，而是以折旧和付息的形式体现在运营阶段的财务支出上。这也就意味着第一阶段采用的更新模式，对于第二阶段能否实现财务平衡至关重要。如果采用了错误的更新方式，第一阶段取得的成功，就有可能成为第二阶段的问题。政府只有在投资和运营两个阶段同时实现资产负债表和利润表的平衡，整个项目才能实现全生命周期的平衡。[3]一旦将财务平衡放到城市更新的全生命

---

[1] 按照新的土地分类，可以制订更精准的土地制度。比如"农地入市"是绝不能同配套好的国有土地"同地同权"。农地入市可以，但只能进入"产业用地"而不能进入"住宅用地"。

[2] 一个可能的推论就是，当中国城市发展进入运营阶段后，城市之间竞争的激烈程度、破产的惨烈程度将会远超今天的发达国家，城市收缩会成为常态。

[3] 赵燕菁，宋涛. 城市更新的财务平衡分析——模式与实践 [J]. 城市规划，2021,45(9):53–61.

周期，项目中 II 类用地创造现金流的效率就变得至关重要。能否确保城市政府正的利润表，决定了城市公共服务是否可持续，也决定了一个城市的死与生。由于三类用地之和是一个常数，三者之间存在替代关系（Trade Off），如何分配三类用地的比重，就成为城市规划的一个核心工作。好的城市用地平衡表应当能够同时满足两个阶段政府财务平衡的要求。

2.3.1　I 类用地：公共用地的更新

在城市的各类用地中，公共用地 [①] 由于其非营利性，政府多采用划拨的方式供地。在中国，这类用地在城市总用地的占比很高，大约在 40%。[②] 这些用地构成了政府资产负债表中"资产"项的主体。判断一项资产的"好坏"，标准就是看其最终产生的剩余（利润）的多少。如果公共用地过少，公共服务水平过低，住宅用地价格就会受影响，也无法吸引高效益的企业，单位产业用地上的税收就很难保障；如果公共用地过多，公共服务水平很高，但产业用地、住宅用地总量太小，卖地和税收总额也上不去。[③]

在城市化的投资阶段，为了获得较高的融资（卖地），城市往往会配置较多的公共用地和住宅用地。随着城市化转型，政府财政的预算缺口会越来越大，鉴于中国城市政府既不能自主设立税种、也不能调整税率，如果让公共用地自身也产生一定的收益，就是减少资产运维现金流缺口的一个重要途径。实施公共用地更新的一个财务目标，就是让这部分资产能带来新增现金流。这就需要我们对公共用地的非营利用途重新加以定义。作为搭载公共服务的空间载体，城市在本质上就是一个"平台"，政府则是平台企业。[④] 尽管政府并不对其公共服务的使用者直接收费，但却可以通过向第三方（广告、电商）收费来实现

---

① 这里说的公共基础设施用地包括除商业、居住和工业之外的所有其他用地，包括公共管理服务设施用地（A 类）、公用设施用地（U 类）、道路与交通设施用地（S 类）以及绿地与广场用地（G 类），《城市用地分类与规划建设用地标准》GB 50137—2011。
② 数据来源：按照本文对公共基础设施用地的界定，参照方创琳在"我国城市建设用地的变化与调控对策"一文中给出各类用地在 2000—2011 年间的数据及其变化，将除商业、居住和工业之外的所有其他用地进行加总估算得出。参见：方创琳 . 我国城市建设用地的变化与调控对策 [J]. 规划中国，2016-07-15. 另据华经产业研究院更新的研究数据显示，2020 年全国城市建设用地面积为 58 355.3km²。其中，居住用地面积占比 31%；公共管理与服务用地面积占比 8.8%；商业服务业设施用地面积占比 7%；工业用地面积占比 19.4%；物流仓储用地面积占比 2.7%；道路交通设施用地面积占比 16.3%；公共设施用地面积占比 3%；绿地与广场用地面积占比 11.7%。数据来源：杨睫妮 .2020 年全国各地区城市建设用地面积排行榜：全国居住用地面积为 18 098.7km²，占比为 31%[Z]. 华经产业研究院，2022-04-15. 将其中的公共管理与服务用地、道路交通设施用地、公共设施用地以及绿地与广场用地进行加总，这些用地的面积合计占比为 39.8%。
③ 理论上存在着一个最优的公共服务用地规模，使得城市的净资产收益率达到最高。
④ 赵燕菁 . 平台经济与社会主义：兼论蚂蚁集团事件的本质 [J]. 政治经济学报，2021(1):3-12.

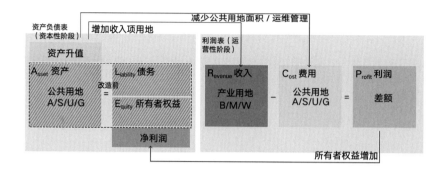

图 2-8　城市公共用地更新模式的
财务报表
（图片来源：作者自绘）

财务平衡。[①]用"平台"重新定义公共用地，我们就会发现城市中现有的划拨用地其实存在很多收益漏失，城市公共用地的更新，就是要发现、捕获和回收这部分被漏失掉的现金流，从而增加政府的一般性收入，实现城市发展第二个阶段利润表的平衡（图 2-8）。

　　除了通过公共空间平台化向第三方收费来降低城市的运营成本外，公共用地本身也可以通过复合利用，在不影响原有公共职能的前提下，通过缩小规模来降低公共用地的折旧，而复合利用的部分则要尽可能转变为 Ⅱ 类产业功能。在中国城市化的第一个阶段，由于土地的融资效率高，导致地方政府针对公共用地的建设和使用都非常奢侈和粗放，大马路、大广场等即使在中小城市也比比皆是。这些用地压缩了 Ⅱ 类用地的占比，为城市化第二阶段利润表的平衡带来了极大的压力。因此，公共用地不是越大越好，这些用地在城市总用地中的占比超过一定规模，所有者权益的总额就会开始下降（图 2-9）。

　　如果通过城市更新将这些超出实际需要的公共用地进行压缩，公共资产的折旧也可以随之减少。如果将原来只能带来净支出的公共用地转为 Ⅱ 类产业用地，还可以创造新的现金流，政府在运营阶段维持正的利润表的压力就会大大降低。[②]

　　同所有城市更新项目一样，公共用地的更新面临的主要问题也是产权。划拨土地虽然在原则上仍属于政府所有，只要属于划拨目录的用途，政府就可

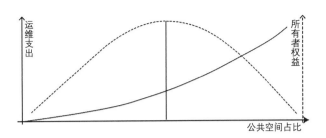

图 2-9 城市公共用地占比与政府
运维支出以及所有者权益之间的变
化关系
（图片来源：作者自绘）

以自由调整。但在现实中，这些土地的管辖权分散在众多不同的部门手中，^①
这种"多头"管理，使得在现实中政府针对公共资产，很难真的像一个"平
台"那样运营。要想盘活闲置的公共资产，首先就要解决公共用地所有者缺
位。在新一轮机构改革中，国家成立了自然资源部并随后开展国土空间规划工
作，根据《关于统筹推进自然资源资产产权制度改革的指导意见》（中办发
〔2019〕25 号），自然资源部门被赋予"统一行使全民所有自然资源资产所
有者职责"。^②地方政府可以以此为基础和依据，推进划拨土地的更新和盘活，
具体的工作包括：①明确划拨土地的所有者；②赋予所有者管理、维护和运营
相关土地的职责和权力；③委托市场上的运营商运营相关资产等。

需要再次强调的是，在中国城市整体已经进入存量运营阶段的背景下，政
府继续新增公共设施要格外慎重。超出必要的高端公共服务（比如地铁、桥隧、
文体设施）虽然暂时能带来固定资产投资和 GDP 的增长，但最终都会以折旧、
运维的形式进入未来政府利润表的费用项。^③日本房地产泡沫破裂后企图效仿
美国走出大萧条时的做法，大量建设公共基础设施以拉动经济，但由于此前的
基础设施已经基本饱和，落得东施效颦和适得其反的效果，这些"大白象"工
程不仅没有拉动日本经济，反而使日本成为世界上公共负债最高的国家，^④无
法出清的负资产随后成为折磨政府财政的长期梦魇。^{⑤⑥}

① 例如，街道广告可能归工商部门管理，道路可能归交通部门管理，环卫可能归市政园林部门管理，
路面可能归交警部门管理……
② 新华社 . 中共中央办公厅　国务院办公厅印发《关于统筹推进自然资源资产产权制度改革的指导意
见》[Z/OL]. 中国政府网，2019-04-14.
③ 对于不能带来税收的基础设施，即使能获得低成本融资，也要慎重投资。
④ 相关数据显示，截至 2020 年年底，日本的国债总量已经达到了 1 207.4 万亿日元，是其 GDP 总
量的 26.6 倍之多。数据来源：债务是 GDP 的 26 倍，比美国还高，成为全球负债率最高的国家 [Z].
BOSS 说财经，2021-10-13。
⑤ 赵瑾 . 日本公共投资：90 年代投资低效的原因、改革方向及启示 [J]. 日本学刊 .2014（6）：114-
127.
⑥ 李迅雷 . "基建狂魔"为何不能让日本经济再度腾飞 [EB/OL]. 微信公众号：李迅雷金融与投资 ,2022.

2.3.2　Ⅱ类用地：产业用地的更新

在缺失财产税的制度下，产业用地是在城市政府利润表中收入项（创造现金流）的主要空间。在表面上，产业用地和住宅用地都是在公开市场上出让，[①]但其在政府财务中扮演的角色却完全不同。政府出让产业用地的唯一的目的，就是攫取现金流，而住宅用地则具有强大的金融属性。因此，正确的住宅用地出让一定是一次性的——通过拍卖的方式，价高者得；而产业用地的出让则要与之相反，锚定现金流——税高者得。如果产业用地也采用一次性出让，立刻就具有了金融属性，就会吸引那些想利用低价产业用地投机套利的企业，挤出那些希望能轻资产运营的真正的企业。

2004 年中国针对住宅用地开始推行强制的招拍挂制度，正是凭借这一制度，中国一举创立了世界上有史以来最大的资本市场。[②]巨大的成功（特别是对土地领域腐败的遏制）使政策制定者备受鼓舞，随后产业用地（特别是工业用地）也被要求按照规定年限在公开市场上通过"招拍挂"一次性出让。[③]但这一次产业用地出让制度的改革却并没有取得像住宅用地推行"招拍挂"那样的成功。面对招商的实际需要，产业用地的出让基本上都是定向的，其中大部分用地的地价也都是象征性的，[④]这一现象常被误读为价格扭曲和歧视而饱受诟病。

其实，产业用地之所以会低价出让，是因为产业用地在城市政府公共财政中扮演的角色是创造现金流（税收）而不是一次性收益（融资），而正是产业用地在地方财政中被赋予的这一功能，使得中国城市政府具有超强招商引资能

① 国务院 . 中华人民共和国城镇国有土地使用权出让和转让暂行条例（国务院令第 55 号），1990.
② 赵燕菁 . 为什么说"土地财政"是"伟大的制度创新"？[J]. 城市发展研究 ,2019,26(4):6–16.
③ 在 1990 年颁布的《中华人民共和国城镇国有土地使用权出让和转让暂行条例》中明确，包括工业用地在内的所有土地可以协议出让。由于商住用地的"招拍挂"模式取得了"出乎意料"的巨大成功，加上对城市化的阶段性特征及发展逻辑缺乏全局性的认识，在随后推行工业用地市场化配置，在制定工业用地出让规则时，于 2004 年出台《国务院关于深化改革严格土地管理的决定》（国发〔 2004 〕28 号），要求除按现行规定必须实行招标、拍卖、挂牌出让的用地外，工业用地也要创造条件逐步实行招标、拍卖、挂牌出让。在 2006 年出台的政策文件《国务院关于加强土地调控有关问题的通知》（国发〔 2006 〕31 号）中出台强制性的工业用地最低价标准，要求各地从 2007 年 7 月 1 日起严格执行工业用地最低价政策与"招拍挂"制度。随即，原国土部对其 2002 年的《招标拍卖挂牌出让国有建设用地使用权规定》（国土资源部令第 39 号）作了相应修正，明确了包括工业在内的经营性用地以及同一宗地有两个以上意向用地者的，应当以招标、拍卖或者挂牌方式出让。
④ 楚建群 , 许超诣 , 刘云中 . 论城市工业用地"低价"出让的动机和收益 [J]. 经济纵横 , 2014(5):59–63.

力。[①] 但也正是因为这一出让模式，导致了中国产业用地供给的严重过剩。[②] 在城市土地极为宝贵的今天，产业用地闲置的现象却比比皆是。现行的产业用地出让方式的本质与土地财政类似，属于地方政府向企业进行股权融资，这意味着产业用地的所有者也成了地方政府的"股东"，其必然导致价格上涨，显然这一做法不利于地方政府的招商竞争，因此在现实中城市的产业用地还基本上是政府补贴"零地价"甚至"负地价"出让的。

虽然，企业在获取产业用地时已经享受了巨大的"优惠"，但由于企业取得了土地出让年限内的"股权"，鉴于现有的产业用地出让合约存在缺陷，一旦其不能按照最初承诺继续贡献税收，政府还要以高于市场价格溢价赎回。结果很多企业尽管运营亏损，没有完成当初"承诺"的纳税义务，却可以在退出产业用地时再次从城市政府手中获得巨额补偿。[③] 由于盘活存量产业用地十分困难，为了维持税收，政府只得通过不断开发增量土地来满足招商引资的新需要。其结果就是一方面城市建设用地紧缺、征地困难；另一方面却是大量不创造税收和就业的产业用地闲置。为了赎回特定地段的闲置产业用地，政府按照已经升值的土地价格进行赔偿，这又诱致更多的不以生产为目的的企业入市圈地，产业用地闲置因此越发严重……可以说产业用地的一次性出让制度本身乃是导致产业用地闲置的问题之源（图 2-10）。

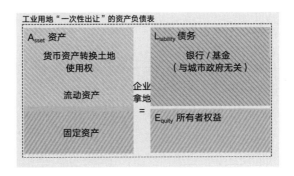

图 2-10 一次性出让制度下的企业资产负债表：买断用地使用权，政府失去对用地的掌控力
（图片来源：作者自绘）

---

① 由于其他国家没有办法利用住房市场为产业提供高水平的基础设施，因此政府想要改善基础设施的唯一的途径就是通过债务融资。而通过举债获取融资对于同样奉行平衡预算的国外的地方政府而言，即便不是完全不可能的，其规模也是非常有限的。
② 根据刘全程（2021）的研究，从工业用地的容积率来看，中国目前的这一比值只有 0.3 ~ 0.6，而发达国家（地区）一般是 1.0（谢文婷，曲卫东，2021），在中国香港，依据《香港规划标准与准则》，科学园工业用地容积率控制最高可达 2.5，日本《城市规划法》和《城市建筑法》规定"工业专用地区"规划容积率应为 2.0 ~ 4.0（楚建群，许超诣，刘云中，2014）。2019 年的数据为例，国内主要工业城市工业用地占城市建设用地的比重都在 25% 以上，很多城市超过 30%，最高甚至接近 60%（比如珠海为 59.3%）。比如纽约 1988 年的时候就已经降到了 7.5% 了，芝加哥 1990 年时才 6.9%，大阪是 14.5%，东京 1982 年的时候降到 2.5%，汉城（现首尔）大概是 9.0%。
③ 这就是招商时企业往往会坚持采用一次性获得产业用地使用权的主要原因。

　　明白了产业用地在地方政府财政中扮演的角色以及导致相关用地闲置问题的来龙去脉，就会知道产业用地更新应该遵循的基本规则（图2-11）：

　　1）产业用地必须产生税收和就业，只要不能带来现金流，无论土地使用权是否到期，都要成为土地使用者（企业）的债务计入土地所有者（政府）的应收账款资产。考虑到城市政府之间在产业用地出让和招商引资上存在"逐底竞争"，因此这一点最好在国家层面作出超出地方政府土地契约的强制性规定。

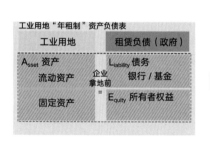
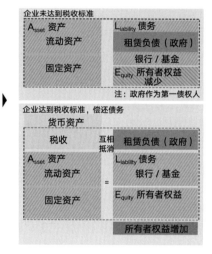

图 2-11　产业用地"年租制"更新模式的资产负债表——政府作为第一债权人
（图片来源：作者自绘）

　　2）为了避免纳税义务转为债务，产业用地使用者可以再出租，由新的使用者负担产业用地创造现金流的义务，或者由政府按照当年的价格返租（同时取消纳税义务）。

　　3）要严格管制产业用地一级市场，限制产业用地转为其他用途（特别是住宅）。产业用地用途改变只能在产业用地内部，比如工改商、工改办，但其转变用途后的现金流贡献不能少于原来用途，如果是一次性改变用途，需要补足两种用途之间的市场价差，以杜绝可能的套利。[①]

　　4）新产业用地的出让取消年限约定，强化年租要求。从中央政府层面取消产业用地一次性出让的强制性要求，产业用地应通过拍卖年租或税收承诺的

---

① 2019 年上半年，深圳甲级写字楼空置率为 23.3%，而前海写字楼的空置率高达 65.7%，成为全国一线城市空置率最高的城市。寸土寸金的深圳之所以会出现这一症状，与其推行的所谓的 M0——"工改办""工改商"的套利密切相关。

方式出租。到期的产业用地继续使用则不用补地价，而是重新谈判年租。若地方政府想要提前回收相应的土地，可以对剩余年限价值加以补偿。

5）压低产权重置成本。由于不占用建设指标，产业用地的产权重置成本也比已经资本化的住宅用地要低得多，存量时代的工业用地类似于增量时代的农地。在扣除必须用地后的多余产业用地其实就是政府的"准储备用地"。产业用地很可能是城市发展从增量建设时代转向存量运营时代，地方政府攫取土地资本"最后的晚宴"，因此在赎回闲置产业用地时，要尽量压低补偿标准，任何超额赎回都是国有权益的流失。

特别要强调的是，要严禁产业用地利用城市更新转为住宅用地。因为这两种用地在政府资产负债表和利润表中所处的位置完全不同。任何"市场化"用地性质的转变都意味着政府未来现金流收入的减少和支出的增加。产业用地一旦转为住宅用地，则意味着产业用地使用者不仅将自己对政府的义务注销，还无偿在资本市场套取暴利。[①] 如果取消产业用地的一次性出让，产业用地的使用者就不再是城市的"股东"，政府回收闲置产业用地就和征用耕地一样，无需按照市场价格进行溢价赎回，产权重置的成本就会大大降低。在城市化 2.0 阶段，随着耕地和生态保护的加强、城市增长边界的设定，城市的增量空间正快速接近天花板。当年由于政策原因导致的超额产业用地就成为当前，以及未来满足新增土地需求的意外收获和主要出路，[②] 今天的闲置产业用地更像是为满足未来城市新增用地需求所作的战略储备。

2.3.3　Ⅲ类用地：住宅用地的更新

同产业用地正好相反，住宅用地是所有城市用地中金融属性最强的类别。住宅用地和产业用地最大的不同，就是住宅用地出让时，居民已经购买所有者权益成为政府"股东"，拥有城市物业的居民相当于投资了城市政府的"股东"，其物业包含了城市所有者权益，同政府一起分享土地升值。如果采用政府为主、业主为辅的城市更新模式，政府就必须按照当前住宅用地的市场估值溢价从居民手中赎回其权益，这就意味着极高的产权重置（征拆）成本。由于政府要负担建安和公共服务升级的成本，如果政府采用股权融资，就一定要在原有容积

---

① 即使政府能从产业转房地产中间分得的部分土地出让金和一次性税收，也一样会造成政府所有者权益的流失。
② 回收的产业用地可以进入Ⅰ类用地，用来满足新增的公共服务缺口，也可以进入Ⅲ类用地，通过回收拍卖，将资本市场从土地市场迁往其他市场进行融资。

率基础上进一步增容。对政府而言，增容就是新增供地，只有新增的部分才是政府所有者权益的市场对价。如果赎回原住民资产的成本高于按照原容积率计算的资产价格，就会侵蚀属于政府的权益。按照两阶段增长模型，卖地就是出让所有者权益获取股权融资，其融资规模相当于市场房价乘以总建筑面积。居民拆迁补偿、搬迁奖励、周转补贴和开发商的建安、利润……都要从中扣除。随着原住民要求的赔偿溢价越来越高（很多集体土地业主也借机为非流通的集体资产索取高额溢价），增容也越来越高。如果有居民（钉子户）进一步要求在市场价格进行溢价赎回，容积率就会在此基础上再增加。考虑开发商的成本和利润后，容积率还需进一步提升。覆盖所有这些成本后剩余的部分，才是政府真正的融资收益。而所有这些增容，都需要有新增的公共服务与之对应。[①]按照土地财政的逻辑，政府的这部分收益必须再投资转化为营收，只有再投资营收大于新增公共服务支出后，更新项目的利润表才能算平衡（图2-12）。

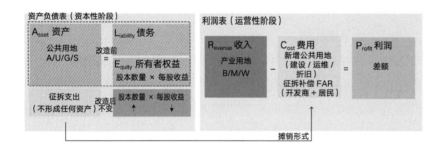

图2-12　再增容模式下的财务报表（图片来源：作者自绘）

　　为了更加直观阐述，以由一条道路组成的城市为例。假设政府在该条道路基础上投资建造了一条地铁，原来的土地价值从100上升为200，如果两侧土地已经私有化，这些升值就会体现在房价里转变为房地产投资者的所有者权益。由于地铁所能负担的人口也增加了一倍，政府可以将两侧土地容积率增加一倍，这样土地的潜在价值就变为400。理论上，新增的这部分土地带来的增量收益200，就可以作为融资转变为政府地铁资产负债表中的所有者权益。但要实现增容，就要先从原来的房地产投资者手中赎回土地。一般而言，原来的产权人会要求溢价赎回，即赎回的标准要高于市价200，假设溢价50，增容后政府真实所得就从理论上的200减少到150。再假设拆除、周转、重建的成本50也由政府承担，政府最后到手的所有者权益就剩下100。如果地铁的造价也刚好是100，那么这个城市更新的资产负债表就勉强实现了平衡。但这

① 邱爽，曾馥琳. 容积率幻觉：谬误与修正 [EB/OL]. 微信公众号：存量规划前沿, 2022.

样的平衡是"劣质平衡",因为政府通过发行新增价值为 200 的股权却只获得了价值 100 的公共资产。对于城市全体股东(居民)造成了股权净资产被稀释的损失。

但真正的难题体现在利润表上。由于新增容积率会导致人口翻倍,地铁和其他公共服务的折旧、运维都会造成支出增加。由于整个更新项目没有产生新的收益,利润表就会出现赤字,这些赤字又会反过来不断侵蚀资产负债表。这就要求政府卖更多的地,而这些地又带来更多的支出……直到政府无地可卖,城市就开始陷入收缩直至财政破产。在会计意义上,卖地建设基础设施和卖矿建设基础设施的本质是一样的,我们已经见识了很多依靠出售资源建设起来的城市因资源枯竭而衰败,我们同样也会看到很多无地可卖的城市陷入破产。

把利润表纳入财务平衡分析后,我们就会发现,依靠增容的城市更新要想真正平衡是有条件的:①必须把产权重置成本压到最低,任何溢价补偿都会侵蚀增容部分所有者权益;②城市的公共服务必须有足够的"冗余";③如果增容超出公共服务冗余,就必须将增容收益用于补充公共服务。只有当增容部分收益大于新增公共服务建设和运营全部成本时,这个城市更新项目才算真正实现了"平衡",此时的净剩余收入才是真正可以自由支配的自由现金流——"归母利润"。[1]

这个例子表明,只有当①地价足够高,②可以增容(不受航空净高、历史地段保护和天际线管控等限制),③有公共服务冗余,④新增收益大于新增支出时,才具备拆除增容的条件。一旦土地出让遇阻或由于区位原因(如历史街区保护)无法增容,就只能采用自主更新模式——从"拆改留"变为"留改拆"[2]的自主更新模式,通过避开溢价回赎,降低产权重置成本,维持利润表的长期平衡。这一更新模式虽然不得不放弃土地上漏失的公共服务冗余,但却避免了今后长期的运维成本的支出。[3]如果说"大拆大建"是资产负债表优先的更新模式,"自主更新"就是利润表优先的改造模式。由于在运营增长阶段,收入

---

① 归属于母公司所有者的净利润(Attributable to the Owners of the Parent Company's Net Profit)。母公司净利润和少数股东损益之间的关系可用关系式表述为:归属于母公司所有者的净利润 = 扣除内部交易后的母公司净利润 + 子公司盈利中属于母公司的数额。
② 中华人民共和国住房和城乡建设部 . 住房和城乡建设部关于在实施城市更新行动中防止大拆大建问题的通知(建科〔2021〕63 号)[Z/OL]. 住房和城乡建设部网站,2021-08-30.
③ 基本上就是建安成本。需要指出的是,"业主为主、政府为辅"和完全由政府主导,是两种完全不能兼容的模式——只要政府依然采用前一种模式,居民就不会选择后一种模式,因为原住民可以通过提高拆迁补偿要价,分享政府的土地出让收益。

流缺口是主要矛盾，"自主更新"显然是一种更理想的更新模式。

但自主更新也有自己相应的问题，其中最主要的就是业主集体协商的成本和产权残缺导致的交易成本较高。面对这一问题，就需要政府制定有针对性的激励政策，清除自主改造中存在的种种阻力，[①] 具体包括：

1. 增容不增户

以户为单位给予产权人适当性的奖励性增容激励其自主更新，由于公共服务的成本是户数的函数，户数不增加意味着城市政府为公共服务的支出不会增加。和传统大拆大建中大规模增加容积率又增加户数的做法相比，对房地产市场需求冲击较小，特别重要的是自主更新不会带来未来政府利润表的恶化。

2. 简化审批流程

目前的规划审批（"两证一书"）主要是为了城市增量建设阶段开发商的投资建设需要而设计的，适用于单一产权人的规划许可。在城市存量更新阶段，需要针对集体业主自主更新搭建快速审批通道。

3. 中介服务

在自主更新过程中，业主集体行动存在很高的协商成本。而一旦引入中介，就可以把原来"多对多"的协商模式简化为"一对多"的协商模式，从而极大地降低协商成本。[②]

4. 试点先行

自主更新难在"第一个吃螃蟹的人"，一旦有一个项目启动并形成有效的"示范"，其他业主就会集体跟进，自主更新就会势如破竹。

5. 产权再造

城市更新往往会涉及非常复杂的产权问题。如果政府选择对现有的产权进行回溯和梳理，不仅成本极为昂贵，而且几乎很难获得理想的结果。[③] 各地政府必须根据项目实际，提出突破性的产权解决方案。[④]

[①] 沈洁. 老旧小区自主改造的成与败 [EB/OL]. 微信公众号：存量规划前沿, 2022.
[②] 专业的中介机构还可以代业主完成报审、设计、建设、监理以及安排周转住房等工作，解决大多数业主缺少经验的情况，降低业主自主改造的困难。
[③] 赵鸿钧, 沈洁. 喀什老城更新："去房地产＋"的自主更新模式 [EB/OL]. 微信公众号：存量规划前沿, 2022.
[④] 由于喀什老城的很多住房根本就没有正式的产权，因此喀什政府通过将产权全部格式化，创造性地解决产权再造的难题。

2.4 结语

传统的城市经济分析工具，大多是来自于主流的新古典经济学。实践表明，这是一个错误的工具选择。对城市规划而言，更好的经济分析工具应当是以资产负债表为核心的会计学。建立城市的财务报表是城市规划进入存量规划阶段的必修课。建立起用地平衡表和资产负债—利润表之间的关联，是实现城市规划从柯布西耶式的功能分区升级到可精确度量政府财务绩效的存量规划的关键一步——理论上，只要给出一个用地平衡表，规划就可以判断出该规划实施后城市的财务是否能实现平衡。

按照财务属性重新定义土地的用途后，我们可以发现，不同用途土地的此消彼长背后乃是不同经济目标的取舍。城市的财务特征和发展阶段不同，对城市政府来说最优的用途比例（也就是城市用地平衡表）也不同。而不同的税收模式下，相同的土地用途的财务属性可以完全不同。有财务报表支撑的用地平衡表，实际上就是城市的财务平衡表，编制城市规划在某种意义上就是在平衡财务预算。由于资产端和负债端的相等是强制性的，决定了各类土地的比例要满足"平衡"也具有强制性。[①]

当城市进入存量发展阶段，旧城更新面对财务问题（一般预算缺口）和融资问题（卖地困难）都会发生质的转变。这种转变决定了城市更新的模式必然与增量扩张阶段的更新模式（大拆大建、增容平衡）有本质上的不同。如果不能理解城市增长阶段的差异，不能完成从建立资产负债表为主向维持利润表平衡为主的转变，错误的城市更新模式势必会给城市政府未来的财务留下巨大的预算风险敞口，严重的甚至会导致城市政府的破产。过去 40 年，中国的城市化迈上了历史性的台阶，但这并不意味着中国城市化的结束。下一个 40 年，中国城市化进入存量增长阶段，城市化的下半场才正式开始，只有通过最后一轮决赛考验的城市，才算跑完城市化的全程。而这个决赛就是城市更新。

---

① 需要指出的是，传统的规划虽然委托人不同，但其服务的对象其实是抽象的。一旦引入资产负债表和利润表，就必须要有一个确定的财务主体。开发商和城市政府的资产负债表是不同的，明确"为谁编制"是所有城市规划编制的前提。

邱 爽

第 3 章　城市更新财务平衡的"容积率幻觉"：谬误与修正

导读

　　容积率指标所对应的土地估值和出让收入是地方政府的"融资"，而不是财政"收入"。将"融资"作为"收入"进行财务平衡的计算，制造了目前我国城市更新财务平衡领域的"容积率幻觉"。城市更新财务平衡的关键目标是保证地方政府利润表中的净利润持续为正。"融资"并不能直接带来收入，而是只能通过"资产"来最终影响"净利润"。基于两阶段增长模型，结合会计准则，重新构建了适用于城市更新的财务平衡准则，并将其应用于城市更新过程中常见情景的模拟分析。清醒认识容积率的财务性质、最小化产权重置成本和最大化公共投资回报率是实现这一目标的重点和难点。

3.1　谬误的根源：容积率的财务性质

　　城市更新中的财务平衡是指更新项目所投入的资金成本小于或者等于项目所能产生的收入。在历来的项目财务平衡计算中，成本端主要包括征拆成本、建安成本以及公共基础设施投资成本等；而在收入端则主要包括项目开发后的土地出让收入，以及工商业税收等。由于近年来征拆成本走高，越来越多的城市更新项目只能依靠提高项目开发的容积率指标，继而提高地块的土地出让收入，从而使项目收入能够打平成本。

　　在以上计算规则下，所谓的"财务平衡"实际上沦为一种"凑容积率"的数字游戏。一旦项目成本存在缺口，只需要调高容积率指标即可完成财务平衡的目标。在这种算法下，实际上并不会存在"财务不能平衡"的项目，因为容积率指标予取予求，用之不竭。

　　但"容积率"并不是能够任意取用的财富，"财务平衡不够，容积率来凑"的计算方法的谬误根源在于并未认识到容积率的财务性质——对于地方政府而言，容积率所对应的并不是"收入"，而是"融资"。城市的本质是交易公共服务的企业，[①] 土地出让和容积率就是这家企业的"股票"，而城市中出资购买房产的购房者则相当于购买企业"股票"的"股东"。中国地方政府增加城市总的容积率指标的过程相当于企业的股票增发，其目的在于向购房者"融资"，用以修建城市公共基础设施。

"融资"和"收入"在现金流量上都表现为净现金流的流入，但其财务性质却大相径庭。财政账户上每笔流入的资金，既可能是"收入"，即真正赚取的收益；也可能只是"融资"，即向外界借的钱。很显然，只有"收入"才能直接计入利润表，通过增加净利润来达成财务平衡的最终目标。而"融资"就只能用于扩张资产负债规模，并不能直接带来利润的增长。

正是由于没有认识到土地出让或增加容积率指标所换来的"现金流入"只是城市的一笔融资款项，而不是地方政府真正的收入，[②] 导致了在历来的城市规划的财务平衡计算中一直将其直接放进政府的收入项，用于平衡财务支出。但这笔现金流不能算作地方政府"赚的钱"，而只是"借的款"。

错把"借款"计算成"获利"，给地方政府造成了巨大的"幻觉"：即只要增加容积率指标，土地出让金总能覆盖项目建设的支出，甚至还能盈利。本书将这种由容积率的财务性质导致的巨大的认知混乱称为"容积率幻觉"。

3.2　构建新的财务准则

容积率指标所对应的土地出让收入并不具备"财政"属性，而是具备"金融"属性，即通过土地出让所获取的现金流不能直接作为财政的盈利，而只能作为地方政府的融资。用"土地金融"，而不是"土地财政"来概括中国城市化的发展模式才是真正准确的表述。

对容积率指标的财务性质的再认识，让我们必须改变城市更新中的财务平衡准则，才能破除"容积率幻觉"，真正厘清城市的财务真面目。

本书建议在两阶段增长模型的基础上，结合会计准则，重新构建新的适用

---

① 赵燕菁. 城市的制度原型 [J]. 城市规划，2009(10):10.
② 如果土地出让所得是城市真正的公共财富的增加，那么地方政府只需要不断提高容积率指标，从而获得更多的"收入"即可拉动地方经济。但显然并没有任何一座城市可以通过这样的方式致富。

于城市规划的项目财务平衡计算规则。新的财务准则将项目资产和损益情况分开，通过分别构建项目的资产负债表和利润表，勾勒出真实的建设项目的财务表现。

3.2.1 构建新的城市更新财务准则

1. 会计学三张表的简介

为了更好地直观反映企业经营情况，会计准则要求会计事务所同时编制三张表（最新的上市公司财务规则将"所有者权益"表单独列出，于是一共有了四张表），分别是资产负债表，利润表和现金流量表。

会计学三张表中，资产负债表是"左右结构"，利润表和现金流量表则是"上下结构"。资产负债表左侧是资产，右侧分别是债务和所有者权益，左右两侧恒等。在资产负债表内，永远遵循"资产 = 负债 + 所有者权益"的恒等式。也就是说资产增加的同时一定会导致债务账户或者权益账户的相应变动。资产负债表的右侧表示融资规模及其来源，分为债务融资和股权融资两种。左侧的"资产"项则表示所融到的资金花在了什么地方，形成了什么种类的资产。利润表和现金流量表则相对简单，利润表的上方表示"收入"（在现金流量表中则是"现金流入"），下方为"费用"，二者之差为净利润。现金流量表的上方为"现金流入"，下方为"现金流出"，二者之差为净现金流。

项目开发建设的财务平衡就是指在地方政府的利润表中，用收入减去费用得到的净利润非负。

2. "融资"只能通过"资产"影响"净利润"

会计学三张表可以很好地展示地方政府在城市建设中的财务情况的全息影像。三张表中的"现金流量表"与本文所讨论的主题关联度不高，本书将聚焦于对城市建设过程中的地方政府财务平衡产生重大作用的资产负债表和利润表。

地方政府的资产负债表分为左右结构。其右侧表示融资来源，主要分为以市政债、城投专项债、银行抵押贷款等为代表的债务融资，以及以土地出让收入和地块容积率指标所对应的股权融资。地方政府会利用这些融资进行投资，形成一系列不同种类、规模的城市公共资产，如基础设施（道路）、市政设施（管线）以及公共服务设施（学校、医院）等。地方政府的融资总额永远等于投资总额，即资产负债表的左右两侧恒等。

资产负债表中的"资产"一旦形成，便会对利润表产生影响。一般而言，"资产"是一把双刃剑，既可以带来利润表中的收入，同时也会产生费用，如折旧费用等（图 3-1）。

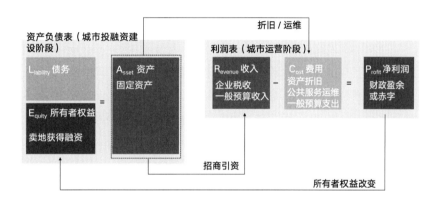

图 3-1 地方政府的空间财务模型
（图片来源：邱爽、曾馥琳，绘）

基于以上分析，本书可以提出除"容积率指标是融资，而非收入"之外的又一个重要推论：净利润非负虽然是财务平衡所追求的目标，但净利润是由资产质量决定的。"融资"只能通过"资产"来影响"净利润"，而不能将融资款项直接放进利润表中。

"容积率幻觉"的会计学含义就是地方政府错把"融资"直接放进了利润表中的"收入"项中，从而产生净利润增加的幻觉。正确的分析方法应该是首先将容积率指标所对应的土地估值放进资产负债表的"所有者权益"项，然后分析将其"花出去"后所形成的资产，最后再分析"资产"所带来的"收入"以及所产生的"费用"，从而最终得到净利润。

3.2.2 从财务视角解释城市两阶段增长模型

赵燕菁教授近几年提出了两阶段增长的城市发展模型，认为增量规划和存量更新是两种截然不同的城市增长模式，前者依靠资产的扩张，而后者则依赖资产所产生的实际收入作为城市发展的动力。论文中强调这两种增长模式相互

"不可替代"，增量时代的资本性收支以及存量时代的运营性收支之间是两个不同的"平衡"。为了强化这种区别，两个平衡被写成了两个等式，以彰显"不可替代"规则所意味着的"鸿沟"。这两个等式的含义是融资收入减去资本性支出大于零，即 $R_0-C_0=S_0$ $(S_0 \geq 0)$；第二步，形成资产后创造的真实收益要能覆盖运营性支出，即 $R_i-C_i=S_i$ $(S_i \geq 0)$。

从财务视角来看，两阶段增长模型实际上与会计准则有着相近的逻辑基础。两阶段增长模型中的投资阶段的"融资收入" R_0 对应资产负债表的债务与所有者权益之和，而所谓"资本性支出" C_0 则对应资产负债表内除货币资产以外的其他资产，二者之差等于货币资产 S_0。当货币资产 S_0 等于 0 时，表示融资款项全部用于投资，并形成资产；而当货币资产 S_0 大于 0 时，表示融资款项并未完全"花完"，尚余部分资金以货币资产的形式存在。两阶段增长模型中运营阶段的恒等式 $R_i-C_i=S_i$ $(S_i \geq 0)$ 则对应利润表，R_i 表示收入，C_i 表示费用，S_i 表示净利润。S_i 的累积会增加 R_0，从而放松第一阶段的投资约束，形成更多的资产，继而带来更多的净利润 S_i。投融资阶段与运营阶段之间互相带动，最终带来经济增长。

无论是宏观经济的增长过程还是微观市场主体的发展过程，实际上都能分成投资与运营两个阶段。投资形成资产，资产带来净利润，净利润的积累可以继续用于"再投资"。因此，城市两阶段增长模型不是仅仅适用于解释城市增长，而是一个更加一般化的，能够同时解释宏观经济增长和微观市场主体发展的理论模型。

3.3 对城市更新中常见场景的模拟分析

3.3.1 对土地金融的基准场景的分析

基准场景适用于通过土地金融进行融资建设的开发模式，如传统意义上的"大拆大建"以及城市片区增量开发、新城建设等。在该场景中，建设用地的容积率指标的大小直接对应地块的出让收入（估值）。根据前文的分析，这部分收入应该放进地方政府资产负债表中的所有者权益中，表示地方政府通过向土地市场发行"股票"进行股权融资。

完成融资后（土地出让后），地方政府将融资所得款项用于城市公共资产

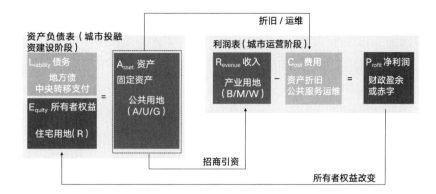

图 3-2　土地金融模式的基准财务
模型
（图片来源：邱爽、曾馥琳，绘）

的投资，形成包括道路地铁、市政管线以及学校、医院等资产。这些资产一旦
建成，便同时产生相应的收入（如道路管线资产带来工商业税收等）以及费用（固
定资产的折旧和运营维护成本等）（图 3-2）。

　　地方政府开发建设的财务平衡目标就是尽力使这些资产所产生的总收入减
去总费用大于或者等于 0。

　　目前流行的财务平衡算法将资产的投入直接列入费用项。这不仅不满足会
计准则的要求，[①] 也无法体现不同的资产对利润表所产生的不同影响。比如投
资规模相等的两条道路，一条只具备交通功能，而另一条在交通功能的基础上
还兼具欣赏风景的文化旅游功能。在传统的计算中，由于二者的投资规模相等，
对地方政府带来同样的"成本"。但在本书所建构的财务准则下，虽然两条道
路资产都会产生折旧费用，但"交通 + 文旅"功能的道路资产还会带来另外的
旅游业收入。因此，虽然两条道路的资产规模一样，但二者的财务表现（对净
利润造成的影响）却大不相同。

3.3.2　对产权重置场景的分析

　　"大拆大建"总是伴随着房屋产权的重置。房屋产权重置是指地方政府对
待开发地块内的原有房屋产权人进行征收补偿，原有房屋产权转移到地方政府
手中，从而完成土地和房屋收储，为后续的建设开发提供"净地"。由于近年来，
征收补偿标准逐年快速上涨，在造就了一批又一批通过拆迁暴富的"拆一代、

---

①现金流的增加既可能是融资（借来的钱），也可能是收入（实际赚到的钱）。与之相对应，现金流
的减少既可能是费用（实际花出去的钱），也可能是投资（现金以固定资产的形式继续存在）。

拆二代"的同时，也逼迫地方政府不断采取增加地块容积率的方式来谋求项目开发的"财务平衡"。不少地方政府认为，只要容积率指标足够高，"财务平衡"不仅不是难题，甚至还可以带来财政的"盈利"。

为了清除以上"容积率幻觉"及其危害，本节在场景 1 的基础上进一步对产权重置的城市更新模式进行财务分析。现假设在场景 1 的基础上，地块的原有房屋产权人提高了征拆补偿的要价，地方政府的资产端需要额外增加一笔"征拆支出"的投入。① 于是，地方政府被迫提高地块开发容积率，获得更多的"股权"融资，提高资产负债表的"所有者权益"项（图 3-3 中的"FAR 拆迁融资"），以满足"资产＝负债＋所有者权益"的会计恒等式。

由于"征拆支出"只是一种为了收储土地不得不支付的补偿，这笔资产并不会在未来的运营阶段对地方财政产生任何的收入。② 它只会随着时间的推移逐步地摊销到利润表的"费用"项中，减少地方政府的净利润。

当"征拆支出"摊销完毕，地方政府的资产相比于场景 1，即增加容积率指标之前并没有发生改变，所有者权益所对应的属于全体"股东"的净资产数量也并没有增加。唯一的区别是，经过增容后，城市中总的容积率规模增加了。净资产不变，股本数量增加导致城市中每一单位的容积率指标（股权）所对应的公共服务价值缩水（每股净资产减少），全体原始股东（城市中的已购房者）的净资产受损。从定量上看，损失的大小等于"征拆支出"，同时也刚好等于为了覆盖征拆补偿所增加的容积率指标的市场价值（融资款项）（图 3-3）。

上述过程相当于地方政府向全体"城市股东"收费，用以补贴新的由于容积率增加所带来的"新股东"。之所以给人造成公共利益并没有损失的"幻觉"的原因在于，补偿容积率的过程中并没有支出现金，城市的现金流量表保持不变而已。

如果用更加直观的方式来表达，该过程相当于地方政府将附带着公共服务价值的容积率指标"典当"出去进行融资，但却分文未收，而是转手将其全部

① 可以表现为货币补偿，也可以是容积率和安置房补偿等。
② "征拆支出"的本质是一种"长期待摊费用"类的资产。虽然被暂时列入资产项中，但只是徒有其名，其最终会变成费用被摊销到利润表中去。

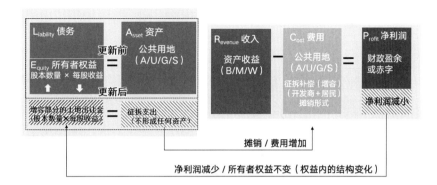

图 3-3　产权重置模式的财务模型
（图片来源：邱爽、曾馥琳，绘）

用于针对个人的"补偿"。因此，用于征拆补偿的容积率指标的市场公允价值恰好等于地方政府的损失，该结论可以帮助我们在实际项目中迅速定量计算出地方政府的利润表亏损。

3.3.3　对运营阶段场景的分析

如果说土地金融的基准场景（场景 1）的侧重点在于地方政府资产负债表的建立（土地融资以及资产种类规模的选择），那么运营阶段才是真正能够实现财务平衡的决定性阶段。

在城市运营阶段，城市更新普遍面临的是两类情况，即资产跌价与资产增值。资产跌价会带来费用的增加，进而减少地方政府利润表中的净利润；而资产增值则会带来收入的提升，并增加净利润。也就是说，在场景 1 中所选择的资产的"优劣"会在进入运营阶段后影响利润表。

资产跌价主要由资产折旧和减计两种因素引起。折旧是指随着时间以及使用次数的累积，城市公共资产会不断减值。比如城市道路逐渐老化，其价值相比刚建成使用时下降很多，下降的部分就叫作折旧。而减计则是指随着经济社会发展情况的变化，之前值钱的公共资产贬值了。比如由于目前的房地产就比数年前贬值了许多，与房地产相配套的道路等公共基础设施资产的价值也就随之下降（图 3-4）。

折旧是物理规律，减计是经济现象。资产减计和折旧都会进入利润表的费用项，造成净利润下降，同时带来所有者权益和资产表的同时下降。除此之外，公共资产所必需的维护、维修等也会带来利润表中的费用增加。

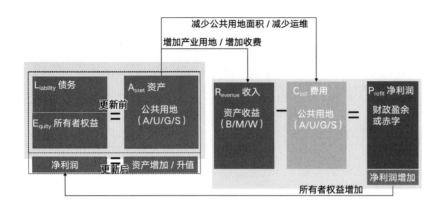

图 3-4 公共资产更新模式的财务
模型
（图片来源：邱爽、曾馥琳，绘）

1. 资产跌价的场景

以房地产危机为例，当危机发生时，城市资产负债表中跟土地、房产相关的资产都会缩水，而此时债务却保持不变。在"资产 = 债务 + 所有者权益"的恒等式下，一定意味着所有者权益的减少。其在利润表中的表现形式就是费用增加，净利润下滑。

以上过程就是大家常听到的"缩表"一词的经济学含义，它不仅意味着资产负债表左右两侧同时缩小，同时也会带来净利润的萎缩。当所有者权益不断缩小变为 0 时，资产刚好与债务打平，这就来到了资不抵债的"破产"临界点。

2. 资产增值的场景

这种情况与资产跌价恰好相反，会带来城市利润表中的收入增加，同时增加所有者权益和资产。如果这种"增值"是运营阶段产生的真金白银（比如税收收入），那么就增加资产表中的货币资产，同时增加现金流入；如果这种"增值"只是浮盈，比如地方政府收储的土地公允价值上涨，或者所参与的产业股权投资"浮盈"，那么就增加相应类别的资产（如固定资产或者金融资产等）。资产增值会为地方政府的利润表贡献收入，带来净利润增加的同时，资产和所有者权益相应扩张（也就是所谓的"扩表"过程）。

3.3.4 对资本招商场景的分析

资本招商是指以合肥市政府的股权投资模式为代表的新型招商引资手段。与传统的减免税费或者土地出让金的招商引资手段不同，资本招商模式下的地方政府需要出资入股所要引进的企业, 即通过成为该企业的股东, 与企业共担风险和共享收益, 从而提高招商引资的成功率。如在引进京东方时, 合肥市政府将用于地铁项目的资金投资了京东方的股权, 成为京东方公司的股东。

如前文所述, 地方政府通过卖地融资, 其融资款项进入资产负债表中的"货币资产"。在卖地后需要进行基础设施建设时, 地方政府再将这笔"货币资产"转变为"固定资产"(道路管线等基础设施和市政设施)。而资本招商则暂不将这笔所融到的"货币资产"转变为"固定资产", 而是将其转变为"金融资产"——以企业股权的形式存在。一旦企业经营良好, 股权增值; 抑或是企业上市, IPO 造富, 这笔"金融资产"都将迎来巨大的资产"增值浮盈"。届时, 地方政府只需要将这笔"金融资产"在公开市场售出变现, 就可以获得比最初的卖地融资款项更多的"货币资产"。地方政府继而可以继续利用这笔"货币资产"进行资本招商, 不断引进新的企业。

资本招商的财务本质是地方政府资产表内的不同科目资产的相互转变的过程。这一过程并不带来利润表的直接变化, 净利润是否增加由所投入的"股权资产"的质量决定。

3.4　城市规划财务平衡的关键

城市更新中的财务平衡的关键在于保证地方政府利润表中的净利润持续为正。这需要地方政府把握好以下三个关键点。

3.4.1　清醒认识容积率指标的财务性质

"容积率幻觉"的谬误根源在于地方政府将容积率指标所对应的土地估值或土地出让金收入直接放进了利润表中。根据本书分析, "容积率"的财务路径应该遵循"融资进账—形成资产—产生净利润"的作用通道。财务是否能够达到平衡, 关键是看通过增加容积率指标所得到的融资是否能投资到能产生净利润的优质资产之上。那种认为增容即可获利的"假财务平衡"是既违背常识, 同时也违反会计准则的重大错误。

3.4.2 最小化产权重置成本

基于对场景 2 的分析，不难看出，通过增加容积率指标来覆盖产权重置的"征拆支出"并不能带来财务平衡，而只会增加利润表中的费用，从而减少净利润。所有用于"征拆支出"的增容，都不是"收入"，而是"费用"。从整体上看，目前我国城市更新中的产权重置成本占项目总投入的比例极高，并且仍然保持逐年快速递增的态势。通过城市更新模式的创新，规避高昂的产权重置成本将直接决定城市更新项目的财务成败。

3.4.3 最大化公共投资的回报率

地方政府通过土地出让和增容进行融资，会带来资产负债表的扩张，而不会直接改变利润表。但城市中的固定资产一旦建成便会进入折旧通道，每个财务年度都会形成项目建设的折旧费用和运营维护费用，从而对项目净利润产生负面影响。在宏观经济形势下行的趋势下，地方政府所投资的资产也大多会面临资产跌价的困难局面，从而进一步加大利润表的压力。

这意味着只要地方政府的固定投资回报小于资产折旧和跌价之和，这些资产都将成为"负资产"。它们非但不能带来持续的正向收益，反而会不断吞噬净利润。在城市更新中，地方政府要敢于"下马"无法带来正向收益的公共投资项目，同时尽量节省项目投资的成本，降低折旧、跌价等费用，从而使政府公共固定投资的回报率最大化。

3.5 结语

常识告诉我们，将通过融资所获取的资金当作盈利是极其荒诞的。这种对城市发展发挥着举足轻重的作用的荒诞认知却长期存在，这意味着"容积率幻觉"确实具有极强的欺骗性。"容积率幻觉"让绝大多数的中国城市选择依赖"大拆大建"和增加容积率指标的方式来覆盖项目建设开发支出，特别是"征拆支出"。所谓的"财务平衡"的背后实际上造成了巨大的公共利益损失，也让数量众多的城市至今仍然饱受债务负担的折磨，付出了沉痛的发展代价。只有破除城市建设财务平衡的"容积率幻觉"，让地方政府看清隐藏在"容积率幻觉"之后的财务真相，才能真正推动中国城市发展方式在思想观念上完成从"大拆大建"到"有机更新"的转型，让城市更新真正走上健康的发展轨道。

PRACTICE

实
践
篇

第 4 章　Ⅰ类用地相关案例分析

4.1　苏州淮海街更新——场景化特色街区的财务平衡

张　沁　罗海师

导读

　　苏州淮海街是政府主导投资，对街道公共空间场景化打造的多业权商业街。项目由苏州高新区狮山横塘街道（以下简称"狮山街道"）作为投资主体，下属国有平台公司运营，万科城市研究院 EPC 全流程落地，万物梁行物业管理，以及商户共同参与的公共空间更新案例。历时 5 月，全新再造了苏州商业街区新地标。改造后，街道流量提升，营业收入翻番，政府税收增加，街道两侧物业资产升值。实现了街道更新的财务平衡。

4.1.1　项目背景

1. 创建良好的营商环境，政府决心重振淮海街

　　淮海街位于苏州市高新区狮山商务创新区，是外资企业集聚地，约有注册外资企业 5000 余家，其中多为日资企业，累计总投资额约为 200 亿美元。自发形成了以日本餐饮和酒吧聚集的商业街区。淮海街作为日式美食一条街，政府着力打造具有鲜明特色的外资企业投资兴业的"软环境"。

2. 经历繁荣、衰落、再更新的发展阶段

　　淮海街 1994 年 10 月开始建设，2005 年外资企业开始聚集，初步形成了国际社区的氛围。2010 年底，淮海街通过全国特色商业街专家评审，被评为"国家级著名和特色商业街区"。2012 年中日关系因"钓鱼岛事件"而发生变化，街区 70% 的商铺遭受打砸，同时因苏州工业园区的发展，部分日企外迁，之后淮海街环境开始逐渐衰落，建筑老旧，街道品质和商业业态都开始呈现低端化。2018 年狮山街道萌发改造念头。经过两年多的前期调研，多方案比选，最终确定万科城市研究院的改造方案。2020 年 4 月启动改造，同年

案例信息

类型：Ⅰ类用地街道公共空间更新
时间：2020 年 4 月启动，2020 年 9 月底正式运营，持续运营中
对象：苏州高新区狮山横塘街道、万科城市研究院、万物梁行、街道商户
特点：政府主导投资，街道公共空间场景化营造的特色街区更新案例

图 4-1 主要发展阶段
（图片来源：作者自绘）

10 月开始运营。淮海街迎来了新的发展机遇（图 4-1）。

4.1.2 淮海街的更新策略

1. 政府投资的多业权街区改造

淮海街两侧用地改造前后均为商业用地，改造没有增加容积率，不涉及整条街道的产权重置。政府投资对街道的公共空间进行更新，提升场景感（图 4-2）。

图 4-2 淮海街人流
（图片来源：vaLue 、高钰，拍摄）

淮海街全街共有约 167 家商铺，建筑面积约 2 万 m²，产权分散，属于多业权街道。其中约 5000m² 物业产权为国有资产，[①] 狮山街道通过成立国有平台公司以购买或租赁的方式持有。其余资产属性不变，为淮海街分散业主持有。

---

① 数据来源：采访调研所得。

1）放弃统租，多业权改造

改造初期政府想向商铺所有权人统一购买或租赁物业（以下简称"统租"），试图掌握更多资产，做到全持有，以达到未来控制业态的目的。但实际推动中，统租难度大且效益不高。一方面是统租价格被哄抬，仅 20m² 物业的转让费高达 20 万 ～ 30 万元；[①] 另一方面是统租的过程会带走部分淮海街原始商户，而商户是街道风情的基因，商户迁走不利于场景感打造。统租很快被叫停了。

2）政府主导投资

在更新改造的费用中，狮山街道投资 9500 万元[②] 对淮海街公共基础设施进行改造，包括道路管线、建筑立面、店招形象、景观提升及配套设施。业主自发选择，同步进行内部装修。改造明确了公私界面，涉及公共部分的改造费用由政府承担，涉及私有部分的由业主自行决定。对于像商铺店招部分的改造，政府对商户进行适当补贴。

2. 示范段先行改造，提振商户参与信心

淮海街改造启动阶段并非一帆风顺。起初商户对改造存有疑虑，为了得到商户支持，改造采用示范段先行的方式，先期选择了同意改造的 13 家商户，75m 街道作为样板工程。改造后的样板段获得其他商户认可，提振了商户改造的信心。在 167 家店铺中，约有 20 家店铺根据淮海街整体规划和建筑设计，进行了自改内装。改造的过程采用分段改造，倒排工期，同时街的做法，最大限度保证在改造施工中商户可以正常经营，也保证了场景化街区的集体亮相（图 4-3）。

3. EPC 全流程实施，场景化打造

1）道路改造，取消路边停车，设立步行街区

原本交通通行效率低且体验不佳。通过扩大步行区域、双向车道改为单行道、取消路边停车，增设智慧停车楼，解决停车问题，同时提供给行人更舒适的步行体验（图 4-4）。

---

① 信息来源：采访调研所得。
② 数据来源：苏州高新区淮海街提升改造 EPC 工程的招标公告。

图 4-3 淮海街开街景象
（图片来源：vaLue、高钰，拍摄）

图 4-4 街道改造前后
（图片来源：vaLue、高钰，拍摄）

2）街道立面提升、设立外摆区

针对现状的建筑立面，进行分类改造，形成视觉性和文化性的主题节点。设立外摆区，增加经营面积，提升街道氛围（图4-5）。

3）量身定制各具特色的店面和店招

个性化的设计，让人一眼望去，便知道店铺的经营内容和特色个性。增加了街道多元化，造就了场景的丰富度和真实感。

4）利用灰色空间，创造"口袋公园"，增加活动区域

通过改造原先垃圾场设备区，增加了街区室外空间。规划设计了樱花公园、口袋公园等多个休闲节点（图4-6）。

图4-5　街道改造前后
（图片来源：vaLue、高钰，拍摄）

图 4-6　樱花公园
（图片来源：改造方案效果图）

4. 专业运营团队维护管理

国有平台公司每年向万物梁行采购物业管理。万物梁行通过资产管理输出，提供物业服务。万物梁行从淮海街的前期改造参与到后期运营，对场景具有较清晰的认识。围绕沉浸式服务体验，能抓住服务场景的切入点。

1）制定街区管理公约

以改造为契机，形成对街道的统一管理。万物梁行制定了《淮海街商户手册》《淮海街管理规范》，将新增商户和后续店铺的自我升级改造纳入管理。例如商户欲改造商铺，须通过物业审核，符合街道场景的才能进行改造。保证街道在不断的变化中，保持场景感。[①]

2）特色活动引爆流量，增加收入

在活动营造方面，联合商户，推出丰富多彩的特色打折让利活动。淮海街持续输出各种市集。活动期间，街区人流量暴增，日均客流高达约 4 万人次，街区商户整体营业总额相比平常翻了 2 到 3 倍。

3）品牌化是淮海街运营的策略之一

设计新"vi"形象系统和吉祥物桂花酱，让淮海街的年轻活力有了统一的标识和形象感知，有利于淮海街的推广和营销（图 4-7）。

---

① 信息来源：作者调研。

图 4-7   "vi"与品牌设计
（图片来源：三一视觉，提供）

4.1.3   淮海街的财务模型

1. 淮海街改造与运营的成本

1）两侧国有资产的投入

淮海街两侧共有 5000m² 的国有资产，分散于街道，占整个街区的 25%。在改造前，狮山街道以约 3500 万元买下了 5000m² 国有资产中的 1500m²，[①] 作为狮山街道的固定资产。其余资产由狮山街道向各国有资产所有权单位以租赁的方式持有。[②] 改造前的租金约 4 元（m²·天），[③] 狮山街道支付租金约 500 万元。

淮海街国有平台公司将这些国有资产，根据街道实际业态需要进行招商，租赁给相关经营者。引入如剧场、书店、街道历史展览馆等业态（图 4-8），这类业态具有公共服务属性，提高了街区业态的丰富度，避免了单一餐饮业态。针对这类业态的引入，国有平台公司以免租 1~2 年的方式给予支持，补贴支出约 1000 万元。[④]

2）街道公共空间的投入

改造费用：2018 年狮山街道投资约 9500 万元，用于整体改造淮海街的

---

① 数据来源：作者调研。
② 向其他国有资产租赁，以市场评估价租赁，通常会低于市场价格。
③ 数据来源：苏州产权交易所公开招租信息。
④ 数据来源：作者估算。租金补贴的含义是指免除入驻企业支付租金 1~2 年，1000 万元的估算是指，狮山街道支付给其他国有资产的持有方。

图 4-8　街道上的社区剧场
（图片来源：vaLue、高钰，拍摄）

公共空间，同步提升基础设施和智能化配套。

3）街道的运营费用

主要包括日常设施及管理维护、活动成本、人员工资、市场营销等。运营费用由国有平台公司支付给万物梁行物业费，每年约 360 万元。[①] 商户不必支付物业费。

2. 淮海街改造与运营的收益

1）固定资产升值

根据调研，淮海街改造后，人流量持续创新高。周边资产也随之升值。据目前在售商铺价格显示，淮海街入口处旺铺高达 10 万元 /m^2；街尾的商铺也在 6 万元 /m^2，均价约 8 万元 /m^2。[②] 以政府持有 5000m^2 计算，淮海街上的国有资产价值约为 5 亿元。其中狮山街道占有 1500m^2，市场价值约 1.2 亿元。

---

① 数据来源：公开文件 / 苏州新亿城商旅经济发展有限公司年度淮海街物业服务项目的招标公告。
② 数据来源：58 同城在售物业信息。

2）改造后的租金差价

其余 3500m² 为狮山街道向其他国有资产持有方租赁，再租赁给符合业态需求的经营者。改造后淮海街整体租金水平增长约 50%，约 6 元（m²·天），[①]国有平台公司一年的租金收入约 800 万元。

3）税收收入

淮海街在节假日人流量可以达到 4 万 + 人次 / 天，[②] 工作日人流量至少也达到 4000 人次 / 天。[③] 人均消费以 100 元 / 人[④]计，人流量与实际消费转换率约在 50%。推算出淮海街年营业额约在 3 亿元。以餐饮行业利润率约为 20% 计算，利润约为 0.6 亿元 / 年。政府可从中主要获得增值税（6%）和企业所得税（25%），依托营业收入的增加每年共计约有 3300 万元的税收收入。

总而言之，淮海街更新中政府收入项为：①税收 3300 万元；②租金收益至少 800 万元 / 年。支出项为：①改造成本 9500 万元；②运营维护成本 360 万元 / 年；③公共服务房租补贴 100 万元；④折旧 950 万元 / 年。如图 4-9 中的利润表所示。投入运营后，政府每年盈利约 2000 万元。

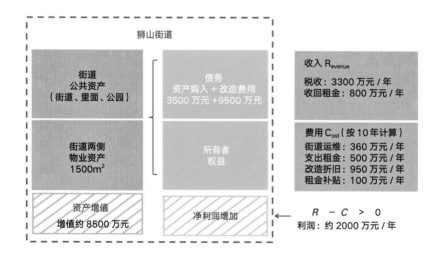

图 4-9　资产负债表及利润表
（图片来源：作者自绘）

① 数据来源：以市场租金增长幅度推算（实际可能更高）。
② 数据来源：苏州淮海街公众号—国庆假期人流量统计。
③ 数据来源：苏州淮海街公众号—实时人流统计。
④ 数据来源：大众点评。

4.1.4 多元利益主体平衡的机制

1. 狮山横塘街道作为投资主体获得良好的经济效益

狮山横塘街道作为淮海街的投资主体。通过项目投入获得良好的营商环境，增加政府税收。以图 4-9 的资产负债表和利润表来看，政府公共服务投入（即街道改造）创造了独特的场景，吸引流量，增加净利润的方式带动街道两侧资产升值。以淮海街前后营业额的增加，为地方政府贡献净利润约有2000 万元 / 年，政府约 3 年可以收回改造街道投资的成本。

同时淮海街也塑造了苏州新的城市名片，吸引了更多企业入驻苏州高新区。以淮海街为典型的夜间经济成为许多城市参访学习的对象。

2. 商户作为参与主体营业额增加

淮海街改造后，随着知名度上升，持续的人流带来的不仅是周边客流，还吸引了很多慕名而来的游客。商户们的经营状况相较之前翻了两到三番，商户的经营收入得到提高，投入内部装修的资金，短期内可以实现回本。改造后，由于租金上涨，挤压出了一部分原有的经营者。淮海街的业态和商户也在动态变化中。

4.1.5 综合效益评价

1. 街区经济带动区域发展

淮海街是场景化街区的典型代表，与传统商业购物中心、城市级步行街、产业园区的发展模式不同。类似于淮海街以 500m 的街区为原型，提供投资适宜、尺度宜人的街区模型。一方面街区更新自带社区属性，更接近居民，有触手可及的消费人群，也是良好的公共服务；另一方面还可以服务产业，支持产业发展，带动区域整体提升。

2. 场景营造离不开街道的原始基因

淮海街强烈的"场景力"，带来传播、打卡和话题，形成新的城市名片，创造了流量经济。场景营造的内核不是风格，是街区自发形成的文化精神。因为有日本企业聚集孵化出地道的日式餐饮，为项目的场景感埋下种子。这种自发形成的 IP 属性，是无法依靠简单风格化打造实现的。项目的空间设计也是基于每家商户的特性进行的个性化，非标准化设计，形成了如此多样的立面变化和店招样式。

3. 多业权街区运营需要多方共同努力

淮海街是一个多业权街区，产权分散，运营管理难度大。如果不能形成正向的运营维护，公共空间改造后就开始不断折旧，依然会有衰败的风险。加上公共服务本身不直接产生收益，运营费用由政府支出，而商户则无需缴纳物业费，商户对运营的参与度较低。淮海街的运营也存在依赖政府的情况。

4. 公共服务提升带动两侧资产升值

政府通过高质量的公共服务获得企业发展后的税收收益，同时带动产业用地的价值提升。由于在中国没有房产税，产业用地所有权人在出让获得产业用地后，如果政府对其周围公共服务追加投入，所带来的资产增值就会转移给产业用地所有人。以淮海街案例来看，最大的收益是两侧商铺的价值提升。如果政府没有街道两侧的国有物业资产，街道改造虽带来了可观的税收收入，但因为无法对新投入的公共服务收费，公共服务创造的资产价值就很容易外溢给商铺所有者。这也是政府在改造更新时，应警惕的财务问题。

4.1.6 总结

商业街是城市重要公共空间，这类街区经济功能更加复合，空间更加开放，经济更具活力，是新一代的更新产品。在县一级的城市中几乎都有一条特色鲜明的街区，具备可挖掘的潜力。淮海街不统租物业，不涉及整体产权重置，不增加容积率，通过投资公共空间改造，再持有一定比例物业资产，获得了财务平衡。淮海街的更新模式为城市公共空间更新提供了参考。探索了一个由政府出资改造公共空间，国企平台公司运营，商户共同参与的场景化多业权商业街样本。

致谢：特别感谢万科城市研究院项目负责人王亚冠、万物梁行物业经理，以及淮海街商户对本文的帮助和支持。

4.2 厦门大学访客中心地下空间盘活改造——划拨土地盘活新模式的探索

王盛强

案例信息

类型：I 类用地校园地下空间改造
时间：2015—2018 年
对象：厦门大学、厦门市政府、市场主体（中汇宝网络科技股份有限公司）
特点：划拨用地存量开发、PPP模式探索、校园地下空间开发

导读

厦门大学访客中心改造属于 I 类用地中校园地下空间的更新类型，针对传统上划拨用地"无偿""无限期"的低效使用现况，以 PPP 模式开发运营校园地下空间，并通过置入停车和商业等功能，在没有新增土地且并不改变用地权属的基础上，实现了校园设施配置的优化。同时，访客中心的盘活利用解决了老城建设与设施匹配的时空错位等问题，提升了城市服务水平，为政府盘活划拨用地解决城市问题提供了一个新思路，为扭转划拨用地不盈利（甚至负盈利）的局面提供了可借鉴的新模式。

4.2.1 案例背景

随着城市发展，厦门大学（以下简称厦大）校园规模不断扩大，作为校内"健身运动之地"的演武运动场，由于规模与东西朝向等问题已经不再适用。校园内，印刷厂与艺术公司横亘于嘉庚楼群与大海之间，校园早年的"南轴线"意向一直在历代校园规划中延续（图 4-10）。同时，校园服务失配、校内停车杂乱、游客深入教学区的问题都亟需解决。在城市中，厦大所在的老城区各类服务设施缺位，周边"无处安放"的城市停车需求，更是加剧了校园周边"停车难"的现状。

由此，时任校长借以演武场改造为契机，开始探索校园地下空间开发。希望借此重现校园早期规划意图，提升体育设施品质，优化校园交通结构，同时完善校园与周边城市服务的提供，筑造新"厦大一条街"。伴随着城市停车服务缺位，政府对地下空间开发提供政策支持，并对地下空间的车位提供 3 万元 / 个[①]的建设补偿。针对政府、校园双方的需求，演武场改造及其地下空间开发最终于 2015 年正式奠基建设（图 4-11）。

---

① 虽然地下停车位的一般建安造价约 3000 元 / 个，但加上其土地成本则远大于此。当时的厦门市政府向访客中心方面承诺 3 万 / 个的地下停车建设补偿，是因为访客中心所在的思明区房价之高，若采取重新整备土地用于提供停车位的方式，实际上政府的支出要远大于对社会主体提供停车位的补偿。

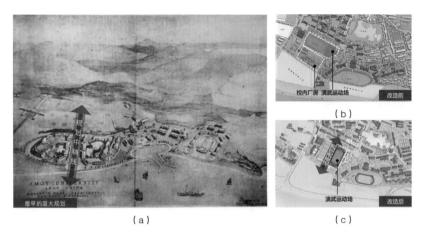

图 4-10 厦大校园规划意向与改
造前后平面图
（图片来源: 作者依据网络资料绘制）

图 4-11 演武运动场改造前后对比
（图片来源：来源于新闻报道）

4.2.2 建设概况

厦大演武场的改造，包括地面运动场改造与地下空间访客中心开发两部分，涉及总建筑面积 107 085m²，其中地上 2135m²，地下 104 950m²。地面运动场改造将演武场由从东西向改为南北向，改变运动场使用不便的现状。地下空间则在运动场下挖 11m，用地性质为教育科研用地，依次建设访客中心和地下车库，具体包括 28 759.15m² 的教育科研服务配套设施（商业营业厅）和 2600 个车位的地下车库。地下涉及总用地面积 91 224.955m²，最终历时 3 年（建造工期不到 2 年）实现了全部物业的开发（图 4-12、图 4-13），并正式投入使用。

整体项目采用 PPP 模式，即校方与社会主体合作，企业出资建设，进行物业运营，最终进行收益分配的方式，完成了访客中心全部物业的开发。

在整个项目开发过程中，校方向政府以用地划拨的方式，获取了地下空间

图 4-12 厦大访客中心地下空间
开发概况
（图片来源：《厦门日报》）

图 4-13 厦大访客中心建成现状
（图片来源：作者自摄）

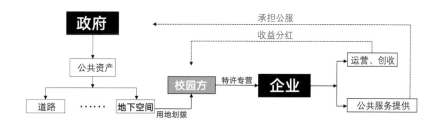

图 4-14 访客中心改造中多主体
合作关系
（图片来源：作者自绘）

的土地使用权，并以地下空间物业 15 年的专营权进行项目招标。最终由中汇宝网络科技股份有限公司作为市场主体承担项目的全部开发投入，建成后代替校方运营地下空间资产，最终实现空间盈利（图 4-14）。

4.2.3 财务测算

以 15 年为项目期限，[1]对厦大演武场及其地下访客中心的改造建立资产—负债表与利润表关系，项目的实际财务情况如图 4-15 所示：

在资产—负债表中，访客中心的项目由企业出资，完成了地面运动场与地下空间全部物业的建设，资金来源由债务与所有者权益（自筹融资）构成。项目工程涉及的总建设成本为 7.5 亿元。

在利润表中，企业通过特许专营的方式出资建设并持有地下全部资产，同时运营地下物业获得收入。从收益端来看，项目收入主要是由物业运营来实现，包括：停车位费、商业租金以及物业管理费三部分。[2]其中：

---

[1] 特许专营的 15 年期限是改造后多主体投入、运营并盈利的一个完整周期，故以此为模型建立财务分析。
[2] 项目成本与收益数据，均来自厦门大学访客中心的开发单位中汇宝网络科技股份有限公司。

图 4-15 访客中心改造的资产负债表与利润表
（图片来源：作者自绘）

图 4-16 访客中心停车场使用情况
（图片来源：作者自摄）

图 4-17 厦大访客中心商业空间使用情况
（图片来源：作者自摄）

①停车费。对于目前地下车库 2600 个停车位以现行的收费标准 10 元/小时计，[1] 平日的停车位使用率约 50%，每年能够实现 1423 万元的收入（图 4-16）。②商业租金。访客中心商业面积 28 759.15m²，店面以 500 元/（月·m²）[2] 进行出租，基于目前的商铺出租率以 90% 计算，每年能够获得的租金收益为 1.55 亿元（图 4-17）。③物业管理费。物业管理费用按照 28 元/（月·m²）计算，商业空间物业管理年收益达到近 900 万元。

同时，项目改造带来的费用包括物业运营支出、物业折旧费用，以及债务利息三部分，[3] 其中：

①物业运营费。包括地上与地下两部分的物业运营费用。其中，地下访客中心物业运营能够由物业管理费实现全部覆盖，地面物业（演武运动场）运维

---

① 项目成本与收益数据，均来自厦门大学访客中心的开发单位中汇宝网络科技股份有限公司。
② 按日常运营 500 元/月计算，疫情期间实际收取 200 元/月。
③ 数据来源厦门大学访客中心，中汇宝网络科技股份有限公司座谈。

费用可忽略不计，[①] 需要承担每年运维费用。②物业折旧费用。对于 7.5 亿元的投入形成的停车场、商铺以及地面运动场等固定资产，以 20 年为使用年限计算，资产折旧带来的每年折旧费用[②] 为 3750 万元。③债务利息。债务利息部分由资金构成不同存在差异。若以 5% 的年利率计算，当融资构成全部为借债的形式时，利息达到最大值为 3750 万元 / 年（等同于项目机会收益）。

最终，将剩余各收入项与费用项进行平衡测算，访客中心项目开发运营能够获得的利润为 9423 万元 / 年，收支平衡基本实现。在 15 年特许专营期止后，所获的地下空间部分运营的收益由企业与校方"五五分成"，企业退出资产运营，校方获得全部地下物业资产。

4.2.4　低成本撬动高效益，实现多方共赢

1. 土地盘活——政府"0 成本"补齐设施短板

厦大访客中心的开发，实现了政府公共资产的盘活。作为《划拨用地目录》中的"非营利性教育设施用地"本是地方政府的资产。访客中心通过将划拨地下空间用地性质定义为"教育科研配套服务设施"，向校园提供了停车与商业服务的同时，也面向社会进行服务，实现了政府闲置资产的利用。

对政府而言，访客中心对城市公共服务进行了补充。访客中心的落成，实现了 2600 个车位提供，若以 3000 元 / 个的地下停车造价计，[③] 政府省去了近 780 万元的设施投入。同时，平日使用率达 50% 的停车场，让厦大周边片区以及校内师生千余辆的日常停车需求得到了解决。同时，访客中心的建成解决了部分城市就业问题。厦大访客中心的商业设施，同样为厦大及周边区域带来了近 2000 人次的就业，[④] 为校内师生以及周边人群带来了显著的社会效益。

在用地紧张的厦门思明老城区，通过地面运动场的纵向空间开发，在运动场上叠加了商业、停车的功能，实现了用地效益的成倍提升。

---

① 地面运动场运营支出即保证覆盖管理人员支出，记在物业管理费用当中。跑道、草皮等维护费用甚微，不影响项目整体财务分析。

② 每年折旧费用 = $\dfrac{投入资金}{折旧总年限}$。

③ 以一般性的地下停车位造价计算。

④ 数据来源厦门大学访客中心，中汇宝网络科技股份有限公司座谈。

2. 特许专营——校方"0 成本"提升校园品质

首先，针对地面演武运动场的改造，重现了早年陈嘉庚先生对厦大与海景"南轴线"的意向；此外，厦大通过对地下空间的土地使用权赋予土地专营，面向市场，实现了地下空间的"0 成本"开发，地下空间创造了额外的收益。

最终，厦大地下空间的开发全面提升了校园的品质。厦大访客中心的开发，为厦大带来旅游效益的同时，解决了游客深入校园教学区域的问题。在 2017 年，厦大日均接待游客 2.5 万人次，车辆达 6600 车次 / 日，是厦门仅次于鼓浪屿的第二热门景点。自 2018 年投入使用后，访客中心成为校外游客进校的"通道"，实现了"校门为师生，访客中心为游客"的校园有序管理。另外，厦大访客中心落成提升了校园配套服务的水平。通过为校内师生提供停车服务，解决了校内车辆穿行的问题，校园慢生活得以实现；同时，商业设施的提供，星巴克、八合里、名创优品等商业品牌的入驻，满足了师生的日常消费需求，也为校内师生提供了课堂之外的交往空间，丰富了师生的课余生活。最后，厦大访客中心借助地下自然空间，强化了地面蓄水能力。基于最小限度改变地势的原则，访客中心地下空间工程采取"自然放坡"的"无填挖方"方式，最小限度地改造地势。使得整个地下访客中心借助自然地形成一个"天然蓄水池"，其蓄水能力达 6 万 m^3，并能够有效采集雨水进行二次利用，"厦大看海"（图 4-18）的校园内涝问题得到缓解。最终，访客中心的建成实现了从校园管理到服务提供，再到校园排水的校园品质全面提升。

（a）

（b）

图 4-18　厦门大学西门内涝照片
（图片来源：新闻报道）

3. PPP 模式——企业"建造 + 运营商"盘活存量资产

在厦门大学访客中心开发的过程当中，校企合作的 PPP 模式实现了市场进入成本最小化。企业投入了地下空间的全部物业建设成本，建设耗资 7.5 亿元，并承担了地下空间由开发到设施建设的全部成本，最终通过运营能够获得收益实现盈利。

在开发过程中，通过探索特许专营，结合 PPP 模式进行市场开发，同时允许市场主体介入收取运营收益，为市场参与开发提供了新的门路。这样的"建造 + 运营商"模式，免去土地出让程序，也能够更大程度地激发市场主体的开发动力。

4.2.5 启示与思考

1. 划拨用地盘活，是通过资产运营来平衡日常运维支出与抵抗资产折旧

对改造前的演武运动场而言，运动场本身没有收益，但不断带来资产折旧与运营费用，这时演武运动场的这块划拨用地对于城市而言是"负收益"的资产。而改造后，在针对"高校划拨用地"的运动场改造基础上，叠加了地下访客中心的空间资产开发，形成了新的资产—负债关系。这部分通过挖掘土地潜力而"新增"的地下空间资产，能够随着资产运营创造收入（停车费、租金等）带来源源不断的现金流，从而抵抗原本运动场与新建成物业的运维与折旧费用，在利润表中进行平衡，最终实现过去"负收益"向"正收益"，"负资产"向"正资产"的转变。

对于城市而言，所有建成的物业资产都会随时间不断折旧，并在设施运维的同时产生费用，或者由于建设时进行的债务融资不断产生债务利息。而城市中普遍存在的划拨用地，多是针对城市设施提供的（如道路、市政、医院与学校），这部分的服务提供政府并不收取费用，同时还要负担资产折旧与运营维护。类似的城市"负资产"同样可采用类似厦大访客中心的开发方式，其他类型的划拨用地也能通过对设施本身以及设施建设形成的附属产品（土地）的运营创造收入。在城市建成并进入城市经营的第二阶段时，应当更多地探索这部分划拨土地的运营创收，来抵抗公共资产的折旧，甚至通过运营这部分资产而带来收益，形成资产—负债表中城市所有者权益的"扩表"，转"负盈利"设施为城市"正资产"（图 4-19）。

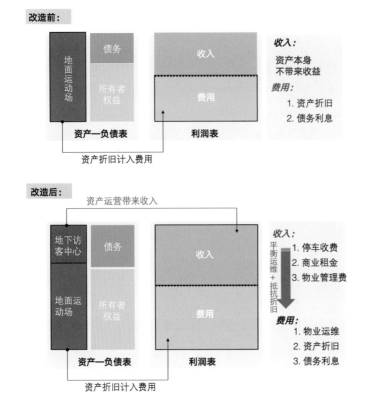

图 4-19　访客中心改造前后的收入与费用对比
（图片来源：作者自绘）

2. 划拨土地存量更新面临政策突破

厦大访客中心的开发中，虽然实现了划拨用地的"低成本撬动高收益"，但在存量背景下，针对在城市中占比将近四成的划拨土地而言，这种"非营利性"土地创收的模式容易带来财务审计问题。目前，这部分的"盈利"仍然存在争议：不让渡收益就缺乏盘活动力，实现收益又面临现有的政策边界的突破。如何突破划拨用地"非营利性"的政策界定，是这种模式在未来进行更多探索时的重点。

同时，针对过去的规划管理，也凸显出了两个政策方面的空白。首先，类似访客中心的改造，用地性质在平面上将发生重叠，规划审批需要突破与创新。在改造过程中，校方虽然针对地下空间的功能进行了单独的项目报批，将地下空间作为商业功能进行使用。但在实际管理过程中，却存在地面与地下用地在三维空间上的不一致，如何实现由二维用地管控向三维进行转变，明确具体的规划程序来保证规划的法律效力，是地下空间开发中所面临的问题。

此外，地下空间的开发，还面临规范调整问题。在厦大地下访客中心开发中，地下空间采取采光天井的方式，虽然实现了通风采光效益的提升，但会带来"地下空间地面化"偷取建筑面积的争议，同时对消防规范发出"挑战"。针对这一类存量资产盘活，旧规范与新场景应用应当进行更多地协调与统筹。

4.2.6　总结

厦门大学访客中心地下空间的开发为无偿划拨的非营利性用地探索了盈利的渠道，为城市中大量存在的划拨的存量资产提供了盘活利用的全新模式。未来这样的模式成熟后，一旦进行多城市的复制，能够探索如医院、公园等更多的城市存量资产开发。针对在城市中占比近四成的城市资产，原本"不赚钱甚至贴钱"的"负资产"有望能为城市提供更多的公共服务，并同时带来源源不断的现金流收入，真正成为城市政府的"正资产"。

致谢：特别感谢厦门大学访客中心王军先生对本文的帮助。王军，福建省政协委员，厦门新阶联会长。

4.3　上海虹仙小区地下防空洞改造——青年社群盘活社区闲置空间的探索

张　沁　罗海师

导读

城市进入存量阶段，开始出现大量闲置空间。由于闲置空间不被使用，持续处于折旧状态，导致闲置资产价值下跌，空间资源浪费。而老旧社区的公共空间却长期不足。随着城市房价的攀升，符合创新创业的低租金空间也越来越缺乏。如何化解这种矛盾，虹仙小区闲下来合作社（以下简称"闲下来"）提供了参考案例。项目由政府投资、社会组织运营、社区居民参与，通过低成本改造，改变地下防空洞的使用功能，打造为全新的社区共享空间和青年创新创业阵地。其是青年社群参与城市更新，盘活闲置资产的代表。

案例信息

类型：Ⅰ类用地社区闲置空间改造
时间：2018 年启动，2021 年正式运营，持续运营中
对象：长宁区政府、长宁区人防办、仙霞新村街道、虹仙小区、大鱼营造
特点：低成本改造、青年社群化运营、社区创新创业的闲置空间盘活

4.3.1　项目概况

1. 闲下来的源起

闲下来是以长宁区仙霞新村街道（以下简称"仙霞街道"）虹仙小区"一街一品"社区规划为契机，在"人民城市人民建，人民城市为人民"的治理理念下，由 2018 年"虹仙美好生活社区营造"孵化而出，闲下来作为其中一个改造点，将闲置的地下防空洞重新利用。

2. 社区区位优越，公共空间缺乏

闲下来所在的虹仙小区是长宁区体量最大的老公房小区之一，位于长宁区仙霞路，临近虹桥枢纽（图 4-20）。社区有 3000 多户、9000 多位居民，房屋以自住为主。现有居民中，40% 为退休老人、30% 是亲子家庭、30% 为租客。[①]与大多数老旧小区一样，虹仙小区缺乏社区活动的公共空间。

3. 地下防空洞的经济意义

闲置空间作为资产，本身具有经济含义。地下防空洞是闲置空间的一种类型，其数量庞大。据不完全统计，上海全市共有此类老社区防空洞 70 多

---

① 数据来源：大鱼营造提供。

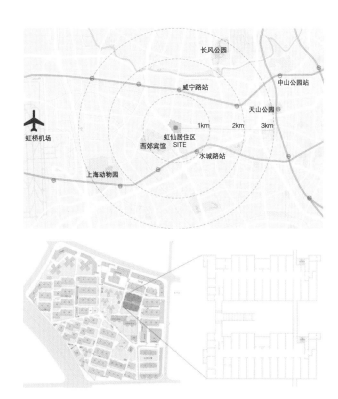

图 4-20　闲下来区位及地下平面图
（图片来源：大鱼营造）

万 m²。除停车功能之外，地下空间的资产价值极易被忽略，长期闲置的结果是地下空间资产不断折旧，形成资产跌价，造成空间资源浪费。

4.3.2　项目启动阶段的策略与机制

为了挖掘老旧小区闲置资源，在大鱼社区营造发展中心（以下简称"大鱼"）展开多轮社区规划工作坊后，仙霞街道、虹仙居委，以及社区居民对这个 1100m² 的地下防空洞的使用功能，逐步形成共识。

1. 厘清产权关系，多方参与共建
地下防空洞产权属于区民防办所有，在仙霞街道和虹仙居委的协调下，区民防办根据社区的实际生活需求，决定以签订协议的方式将地下防空洞的使用权转交给街道，再由仙霞街道委托第三方社会组织大鱼对地下防空洞进行改造与运营，从而明确了地下空间的使用权。

2. 政府投入改造资金，对地下空间管理与监督
街道和大鱼签订三年合作，实行项目委托。将地下空间的使用权以免租金

图 4-21　改造后的闲下来
（图片来源：大鱼营造）

的方式提供给大鱼，并投入改造资金，其中硬件 30 万元，软装 30 万元，设
计费 10 万元。[1] 区人防办则行使对地下防空洞的安全管理工作，定期对其进
行监督。图 4-21 是改造后的闲下来。

4.3.3　运营阶段的策略与机制

大鱼在虹仙小区无社群基础的情况下，通过参与式规划、空间营造、社区
赋能等方式吸引了社会关注。深度链接了社区居民和青年社群，通过三年的社
区培育，闲下来于 2021 年 3 月正式对外开放（图 4-22）。

1. 社群链接与自我造血

在项目委托时，大鱼明确了闲下来的运营费用不依靠政府资金支持，通过
自我造血的方式平衡运营成本。

闲下来的空间，将原本 36 间面积在 10 ~ 12m² 不等的独立房间划分出
四种功能使用方式，社区公共空间、分时共享空间、青年众创空间和主理人工

---

① 数据来源：闲下来合作社。

图 4-22　闲下来的各类活动
（图片来源：大鱼营造）

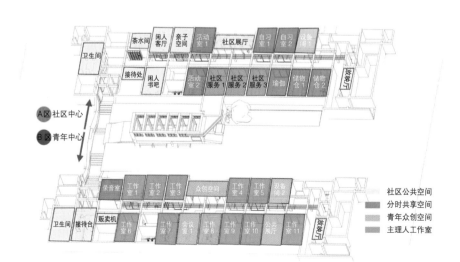

图 4-23　闲下来的空间使用
（图片来源：大鱼营造）

作室，如图 4-23 所示。社区公共空间的使用无需预约，并免费向公众开放；分时共享空间需和闲下来运营团队预约，可以在这些空间排练，布展，举办活动和作为临时工作室。大约平均收取费用在 50 元 / 时，300 元 / 天，1500 元 / 月；主理人工作室，按月支付租金。[①]

闲下来的营造，分为社区日常活动，和一年两次的大型好邻居节。通过持续发声，构建了社区共享空间和青年创业中心的功能。在 2021 年闲下来共组织社区活动 200 多场，涵盖了社科人文、艺术设计、教育、医疗和运动健身等领域。

2. 主理人机制

闲下来在不同社群中的影响力逐渐扩大。吸引了越来越多的年轻创业者来到这里。闲下来开始招募主理人，制定主理人机制（图 4-24）。以社区友好为前提，通过申请制，对主理人提出入驻标准。主理人每月向闲下来缴纳 400 ～ 1200 元不等的租金，[②]用于支付场地费用。除租金外，主理人还需每月在闲下来至少举办一场活动回馈社区。

4.3.4　闲下来的整体财务状况

从大鱼运营视角看。目前闲下来的收入主要来源于主理人共建费用、活动收入及培训参观，2021 年总收入为 18.9 万元，支出费用主要用于运营人员工资、物业水电、活动成本支出等，总支出为 19 万元，收支基本平衡。但以目前的财务来看，还是捉襟见肘。如何提高收益是闲下来迫切需要解决的问题。除经营性的收入与支出外，闲下来还获得公益基金的支持，用于闲下来空间硬件提升及支持部分社区创变行动。闲下来也在探索更多的收入渠道和可能性。

对政府而言，此类项目的主要收入来源是税收，如闲下来及主理人获得经济增长，政府受益。如没有盈利，政府收入项为零。闲下来运营的日常费用可以实现基本平衡，没有利润。由于政府投入了初始的改造费用 70 万元，虽然成本已经很低，但从闲下来改造完成，也意味着折旧开始。费用持续产生，收入为零，政府的财务处于不平衡状态，如图 4-25 所示。

---

①②数据来源：闲下来合作社。

图 4-24　闲下来主理人共治会议
（图片来源：大鱼营造）

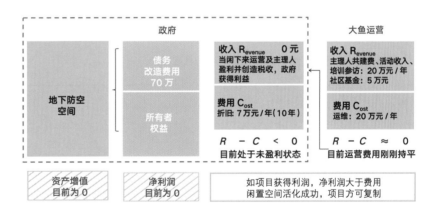

图 4-25　闲下来整体财务状况
（图片来源：作者自绘）

4.3.5　多元利益主体平衡机制

1. 政府搭建平台，投入初始资金

闲下来是以"一街一品"作为社区治理的抓手。通过仙霞街道，虹仙居委协调长宁区防空办，使民防工程的使用由单一管理转变为多部门协同共治，解决了原本使用权、经营权不明确的问题。政府将虹仙小区防空洞交由第三方社会组织运营，履行引导管理监督职责（图 4-26）。

图 4-26　区政府、市人防
办领导调研闲下来
（图片来源：大鱼营造）

政府为项目提供启动资金。通过改变地下防空洞的使用功能，为居民的日常活动提供了公共空间，为社区商业的创新提供了孵化平台。目前闲下来暂未盈利，政府的角色更像是天使投资人。以低成本的闲置空间改造，扶持青年创新创业。闲下来的创新模式作为城市发展的一股新力量，如果创业成功，未来有可能给政府带来新收益。

2. 第三方社会组织缝合各方力量，带动社区发展

大鱼以项目策划、空间设计与社区营造带动闲置空间活化。闲下来作为试验性项目，以独立品牌运营。筹备期的闲下来像活动策划公司、设计公司，为社区闲置空间提供设计服务，运营期间的闲下来像招商公司、物业公司，为经营空间提供资产管理和运维服务（图 4-27）。

图 4-27　大鱼营造团队
（图片来源：大鱼营造）

目前闲下来面临较大的财务挑战，运营收入仅够维持日常开支，如何实现可盈利，是闲下来要突破的重要一步。闲下来正在积极打破空间界限，建立青年社群，尝试对外输出。

3. 主理人在社区低成本创业

在闲下来的持续运营下，2022 年末共有 15 名主理人入驻。他们有文创集合店、家政服务、社区体育、儿童教育、社区咖啡、设计工作室等，涉及多个领域。闲下来低租金门槛对青年创业者十分友好，不仅能接触社区资源，拓展业务渠道。主理人自身的发展，也能以年轻化、多元化的业态回馈社区。

闲下来项目要实现财务平衡，需要各主理人的经营可盈利。由于闲下来的空间规模较小，对于企业的增长有一定的局限性。如果主理人把闲下来作为社区展示交流的平台，成为链接社区居民的入口，实现经济增长指日可待。

4. 社区居民收获公共空间

闲下来通过空间营造激活社区。通过大鱼长时间与居民互动，如图 4-28 所示。闲下来不仅为居民提供了高品质的社区活动，同时也为居民就业创造了机会。在后疫情时代，居民对社区公共生活的需求也越来越大，社区公共空间成为日常生活的宝贵资源。

图 4-28 社区居民在闲下来组织
的活动
（图片来源：大鱼营造）

4.3.6　综合效益评价

1. 低租金带动社区创业就业

城市需要低成本的运营空间。很多创新创业因高昂的地价，被挤出城市核心区，无法生存。低成本空间对创新活动很有价值。如果这些闲置空间都能服务于社区，孵化出公共服务设施并增加新的就业机会。吸引青年参与社区公共事业，扶持青年创业团队。既可提升闲置空间的价值，也符合创新创业的发展需求。

2. 地下功能与地上要适配

社区闲置空间的盘活，特别是对社区商业的引入，需要兼顾社区公益性与商业性。闲下来在运营时，面临使用功能与居住功能可能发生冲突的情况。因此在社区商业的业态引入中，要建立正负面清单。地下空间的功能定位要与地上居住功能相互适应。功能匹配会使地上空间升值，反之则会贬值。例如，不制造噪声和油烟的商业类型。这方面，闲下来也作出了探索，即主理人的入驻须符合社区友好的属性，如社区咖啡馆、社区自习室等对居住功能影响较小的业态类型。

3. 建立可盈利的财务模式

闲下来依靠大鱼的社群链接和社区培育，使闲置空间带来了关注和人气，但目前项目财务尚未平衡，需要建立可盈利的财务模式，扶持主理人创业成功。类似于闲下来的案例，在国际上也有实践。例如伦敦 Pop Brixton 产业孵化器型社区公共空间，正是对社区闲置资产的盘活，带来了可观的收益。该项目吸引了 47 家商户入驻，提供了 197 份工作，年营业额可达 1800 万英镑。50% 商户都是新的创业公司，8 家商户成功开设新门店；70% 商户为当地居民所有，四分之三的雇员是当地居民；共举办 200 多场社区活动，商户进行了 5800 个小时志愿工作，6 家社会企业得到支持。[①] 期待闲下来也可以创造这样的成绩。

4.3.7　总结

虹仙小区闲下来作为社区闲置空间活化案例，是青年社群参与城市更新的

---

① 案例来源：《城市中国》——伦敦 Pop Brixton 临时城市主义：产业孵化器型社区公共空间。

代表。政府拿出闲置空间，提供空间改造的初始资金，以投资的方式为社区公共空间和在地就业提供支持，以低租金门槛为青年创业者提供社区孵化平台。

闲下来项目具有一定的创新性和先锋性，为社区闲置空间的盘活提供新样本。虽然目前项目仍处于财务不平衡的状态，但如果此创新模式实现经营可盈利，就会创造新的增长和活力。政府在闲下来项目中的角色是投资人，未来的回报正是青年创新创业所带来的经济增长。让我们共同期待这样的社区创新模式能获得长足发展。

致谢：特别感谢大鱼营造运营经理、闲下来合作社负责人张欢女士对本文的支持。

4.4　厦门市铁路文化公园改造——"以小换大"的闲置公共基础设施改造

沈　洁　李梅淦

导读

厦门市铁路文化公园改造为Ⅰ类用地公共基础设施用地的更新类型，涉及道路交通用地，产权所属为非在地政府。更新改造由规划部门主动发起、厦门市政府主导，在不改变原有铁路用地性质和港口运输交通备战功能的基础上，以铁路场租赁费用形式向产权人南昌铁路局[①]获得改造和管理的权限，叠加公园的功能对其进行微更新再利用。该铁路的改造，解决了原铁路荒废带来的城市面貌和安全问题，使政府以低成本的方式提供了一个带状公园，带动铁路沿线居民的资产升级和生活水平提升。

案例信息

类型：Ⅰ类用地公共基础设施更新
时间：2010—2011年
对象：政府（厦门市政府）、产权人（南昌铁路局）、受益人（沿线居民）
特点：由规划部门发起、政府主导，不涉及产权和功能变更

4.4.1　案例背景

铁路文化公园位于厦门岛西南部，全长4.5km，宽度为12～18m，从最东端文屏路（金榜公园）开始，贯穿万寿片区、厦门植物园、万石山风景区、虎溪岩景区、鸿山公园、厦港老城区等，最西端连接到和平码头（图4-29、图4-30）。

铁路文化公园项目改造的铁路段原属鹰厦铁路的延伸线，自20世纪50年代建成至20世纪80年代期间承担着厦门市港口运输和交通备战等重要功能，为城市建设发展做出了巨大贡献。随着特区城市建设的快速发展、城市空间的拓展和城市功能的转移，该段铁路从20世纪80年代开始闲置，铁路穿越老城区，沿线景观杂乱、铁轨枕木破烂腐败、隧道无光积水，影响城市市容且存在安全隐患。2010年9月厦门市规划部门在实地考察和分析后，率先策划了《万石山沿铁路线慢行走廊项目》，提出通过对铁路的改造利用，改善片区交通，形成慢行走廊，构建旅游休闲系统。2010年10月，经市政府研究决定，对这段长4.5km的老铁路进行改造，把它建设成一条供市民娱乐休闲、健身，并串联周边景点、步道的带状公园，2011年5月建成并开放，至此厦门铁路文化公园成为一张品味厦门、体验自然的城市新名片（图4-31）。

---

① 现为中国铁路南昌局集团有限公司。

图 4-29 铁路公园区位
（图片来源：作者自绘）

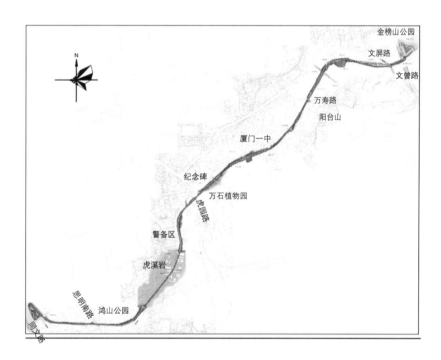

图 4-30 铁路公园改造平面图
（图片来源：厦门市万石山沿铁路
线带状公园景观设计，厦门瀚卓路
桥景观艺术有限公司）

图 4-31 改造前（左）与改造后
（右）对比
（图片来源：改造前图片，厦门市
万石山沿铁路线带状公园景观设
计，厦门瀚卓路桥景观艺术有限公
司；改造后图片，作者自摄）

图 4-31　改造前（左）与改造后
（右）对比（续图）
（图片来源：改造前图片，厦门市
万石山沿铁路线带状公园景观设
计，厦门瀚卓路桥景观艺术有限公
司；改造后图片，作者自摄）

4.4.2　项目成本与收益

1. 政府：低成本提供带状公园，提升老城公共服务水平和资产升值

铁路文化公园项目建设总投资约 6836 万元，经常性运营支出约 65 万～ 75 万元 / 年（表 4-1）。建成后归思明区运营和管理，但事实上铁路场及相关建设用地权属并不归厦门市所有。项目开工前，南昌铁路局、驻南昌铁路局军代处与厦门市签订协议，明确该段闲置铁路在产权不变的前提下进行改造，由市级财政拨款 200 万元以铁路场租赁费用形式[①]向南昌铁路局获得 15 年的改造和管理的权限。

表 4-1　铁路文化公园项目支出细目表

一次性投资		经常性运营支出	
类别	费用	类别	费用
建安费用	3280 万元	铁路场租赁费	200 万元 /15 年
300 万元 工程建设费用（编制、勘测、工程监理服务等）		日常管理维护	50 万～ 60 万元 / 年
铁路相关工程	1091 万元（各工程 1091 万元）	—	
银行利息及未来预留	2165 万元		

（表格来源：厦门市发展和改革委员会文件，厦发改投资〔2011〕37 号，访谈，作者整理自绘）

一般公园建设第一步就涉及选址和用地，尤其是像铁路公园所在的老城区，公园相关的增量或预留用地紧张甚至匮乏，往往第一步就涉及土地拆迁和收储，成本高昂。公园本身就是属于政府"花钱不挣钱"的项目，难以实现用地收储的自平衡，老城区在用地拆迁时面对数量繁杂的产权人相关问题更是十分棘手。虽然老铁路属于政府划拨用地，但其产权人不是在地政府（厦门市），厦门采取了产权租赁、在原址原产权的基础上进行更新改造，这使得和产权重置相关的成本骤降。因而铁路公园改造项目在城市更新中最为复杂的产权方面所付出的成本几乎可以不计，和产权相关的费用 200 万元仅占其中的 2.8%。[②]和美国的高线公园相比，铁路文化公园在建造周期与建造成本上都具有相对优势，高线公园全长约 2.4km，分三期建设，建设周期为 8 年（2006—2014 年），由于公园是以高架的形式存在，在设计、工程、安全、园艺、公共艺术等方面

---

①②数据来源：厦门市发展和改革委员会文件，厦发改投资〔2011〕37 号。

难度较大，总体设计和建设投资费用高达 15 300 万美元。[①]

废弃铁路改造之后，政府的收益还体现在带动了沿线所有资产的升值（租金和房价），铁路公园周边片区的城市面貌焕然一新，详见下文"3. 周围居民：带动周边所有物业升值，提升家庭资产"。

2. 产权人：降低日常维护成本，获得代建费用

铁路文化公园的铁路场及相关建设用地产权归属于南昌铁路局，在改造成公园之前，铁路由南昌铁路局、驻南昌铁路局军代处负责日常维护。由于铁路年久失修，其实已经成为厦门精神文明建设的死角，铁路局维护和改造的压力较大。厦门提出公园改造方案，由南昌铁路局厦门工务段下属厦门铁路工程公司进行施工，完成后交由思明区负责管理运营。改造后在保留铁路的原本功能基础上，改善了铁路周边环境，叠加城市公园功能，南昌铁路局不仅获得代建的费用，还减轻了日常的运营管理压力和支出。和美国的高线公园每年将近 1700 万美元[②] 的维护成本相比，铁路文化公园每年 50 万～60 万元[③] 的低维护成本更具可持续性。

3. 周围居民：带动周边所有物业升值，提升家庭资产

铁路文化公园全长 4.5km，其中公园两侧分布多个居住小区，公园路线串联多个商业设施和公共服务设施（图 4-32～图 4-35）。在铁路文化公园改造之前，附近居住小区的居民对于这条闲置铁路的认知大多是"乱糟糟，杂草

图 4-32　文屏路至万寿路段周边住宅和设施情况
注：两侧以居住用地为主，涉及多个居住小区、商业服务，铁路两边还有小区店面，分布一些商品市场（图片来源：厦门市万石山沿铁路线带状公园景观设计，厦门瀚卓路桥景观艺术有限公司）

① 数据来源：根据百度百科整理。
② 数据来源：建成 13 年的纽约高线公园如何运作 [OL]. 微信公众号：生态人居及康养专业委员会，2020-09-06.
③ 数据来源：根据作者访谈思明区政府相关人员得知。

图 4-33　万寿路至植物园段周边
住宅和设施情况
注：以公共设施和旅游设施为主，
涉及部分居住小区，也有较为集中
的商业设施
（图片来源：厦门市万石山沿铁路
线带状公园景观设计，厦门瀚卓路
桥景观艺术有限公司）

图 4-34　植物园至警备区段周边住宅和设施
情况
注：以部队用地为主，兼有办公、酒店、公共
设施等用地，包括宿舍的居住区
（图片来源：厦门市万石山沿铁路线带状公园
景观设计，厦门瀚卓路桥景观艺术有限公司）

图 4-35　警备区至思明南路段周
边住宅和设施情况
注：两侧用地多为山体，主要以住
宅、办公及公共设施用地为主
（图片来源：厦门市万石山沿铁路
线带状公园景观设计，厦门瀚卓路
桥景观艺术有限公司）

乱长，影响了我们小区的面貌环境""店铺门口一条铁路，店铺租金都上不去
了""一到晚上黑黑的，就怕小孩被拐走"（图 4-36、图 4-37）……①

　　原本大家认为闲置铁路影响了小区的形象和店铺的租金，但随着铁路文化
公园改造的完成，"临近铁路文化公园"却成为周边居民出售房产、店铺出

图 4-36　改造前周边店铺门前杂乱
（图片来源：厦门市万石山沿铁路
线带状公园景观设计，厦门瀚卓路
桥景观艺术有限公司）

---

① 资料来源：与万寿花园、阳鸿新城等业主访谈得知。

图 4-37 改造前多数小区用围栏、栏杆将其阻隔在外
（图片来源：厦门市万石山沿铁路线带状公园景观设计，厦门瀚卓路桥景观艺术有限公司）

租的高价值标签。城市政府通过改造闲置铁路完善公共服务，给铁路公园沿线的物业都带来了升值，对居住小区来说是上涨的房价，对商业设施来说是上涨的租金，[①] 闲置铁路本身也从负面价值资产转为了正面价值资产。再进一步，房价上升、租金上升意味着资产升值，以房产为核心的家庭财富和社会财富也随之增加。

4.4.3 难点与突破

1. 不涉及产权重置，需调整规划审批程序

这类政府公共部门的闲置资产，存在着不能改变其用途和性质的困境，以及在地政府和非在地政府权属的差异。厦门市政府通过租赁的形式，不涉及产权重置，获得铁路场地的改造和管理权限，为此类闲置用地的盘活提供了"解套"的方式。该方式将"临时使用"和"法定使用"的用途分开，允许临时使用功能与法定使用功能不一致，但这涉及一系列规划政策的调整与审批程序变更，这也是其他地区的城市更新需要解决的问题。

铁路文化公园改造项目相关会议记录

厦门市人民政府专题会议纪要〔2010〕223 号，关于加快闲置铁路沿线休闲慢行走廊建设工作的会议纪要：……（一）关于与南昌铁路局的沟通工作。会议要求，由市府办牵头，市政园林局、市铁路建设指挥部等部门配合，……与南昌铁路局就改造方案等工作进行充分沟通，争取南昌铁路局尽快出文支持我市开展闲置铁路改造工作。（二）关于项目建设审批工作。鉴于该项目的建设用地权属归铁路部门所有，无法办理选址、用地预审和用地红线等手续，会议明确市规划局先行

[①] 根据作者实地调研访谈得知，改造前出租困难，且租金约为同区位其他店铺的 2/3，如今铁路公园周边 20m² 大小的店铺为 4000~4500 元／月，和周边同区位店铺基本持平。

办理该项目的工程规划许可证或出具先行招标证明。鉴于该项目属于景观工程建设，对环境具有改善提升作用，会议同意该项目不进行环评审批。

2. "以小换大"，以低成本提供公共服务

随着老城的发展，居民的公共设施和服务的需求也随之增加，若以新增用地方式进行用地供给，将面临高昂的成本。铁路文化公园通过低成本盘活公共资产潜力，用"以小换大"的存量改造模式，既提供了公共服务，又使得低效的公共空间转变成高效的公共空间。

公共资产的特殊和优越性主要体现在以下方面：首先，公共产权归政府部门所有，在城市政府进行项目过程中，政府部门之间的配合和协调难度远低私人产权，尤其是像铁路文化公园这样的公共服务提升功能的项目，不涉及产权重置，只是通过租赁的形式，在不同地方政府不同部门之间转移改造和管理的权限，因此改造成本低。其次，在项目的建设过程中，产权单位的支持和配合，也提高了改造效率。因此，相比于产权多样复杂的私人产权，政府可以优先摸排具有可实施性的公共资产，结合公共服务设施优先开发改造，有利于整体城市更新的进程。

3. 带状式公园服务范围广，有效覆盖率高

铁路文化公园服务可覆盖居住人口接近4万人，[1] 尤其是所在的思明区，专类公园数量极少。[2] 传统公园建设是以半径覆盖为建设标准在城市呈现点状式分布，这种点式公园的优势在于规划时可按照服务半径全面布局，使其以最少数量最合适的位置能够覆盖最多面积和人口（图4-38）。按照《厦门经济特区公园条例》建设标准，大约需要5个平均面积不低于9000m² 的社区公园能够等同覆盖[3] 铁路公园服务范围和人口。以厦门市最近本岛社区公园的建造费用[4] 400万~600万元/个（面积在1km²）计算，大概需要2000万~3000万元的建造费用。但在厦门思明区这种老城区中，过去规划并没有完备地考虑

① 数据来源：铁路文化公园文本方案测算，2010年。
② 思明区从49.4%的绿化面积看公园绿地率很高，但其空间分布不均衡、公园类型单一，绝大部分分布于思明区筼筜湖周边和万石山风景名胜区内（总数为23个，占整个厦门岛已建公园的34%）且从目前已建成的公园来看，专类公园数量少。数据来源：《厦门市绿地系统规划修编及绿线划定》。
③ 标准要满足全市各级各类公园布局合理，分布均匀，500m服务半径覆盖，如果以铁路公园的长度和覆盖人口来算，数据计算：铁路文化公园，长度4.6km，面积4.5hm²，按照500m的服务半径，估算需要5个平均面积为9000m²的公园来覆盖。
④ 数据来源：关于厦门市下达2022年政府投资项目计划的通知。

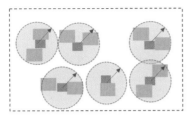 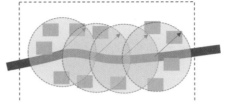

图 4-38　点状式社区公园分布模式与带状式专类公园分布模式（图片来源：作者自绘）

公园用地的布局和覆盖，如今在更新中，再想通过腾挪合适的用地和位置实现高覆盖率，成本高企，尤其是需要成片的用地征迁成本更加高昂，如果无法达到面积要求，还需要增加更多的社区公园进一步增加成本。而铁路文化公园长度 4.5km、面积 4.5km^2 的工程建造费用在 3579 万元，铁路工程相关费用 1090 万元，远低于动不动就上千万甚至上亿的征迁成本费用。

4. 整体设计感仍需改进，知名度不高

美国高线公园的设计向全球开放征集，共有 36 个国家的 720 支团队参与，最后选择了由 Field Operations 领头、包括 Diller Scofidio+Renfro 在内的设计队伍进行公园全面打造，建成后的高线公园成为国际设计和旧物重建的典范，在全球的知名度和影响力巨大。而铁路文化公园以"思廉明志·清风鹭岛"为设计主题，打造了一条全国最长的廉政法治文化长廊，但无论是在主题选取上，还是设计施工上，都无法与高线公园相媲美，加之宣传力度的不足，使得铁路文化公园知名度一直不高。未来铁路文化公园要进一步成为厦门更具代表性的名片，需要在设计和宣传上加以提升和优化。

4.4.4　结语

城市核心地段的土地非常稀缺，一些老城发展首先面临的就是缺少空间。若要提供这些服务，往往需要极高的土地成本。高昂的地价使得许多城市闲置的资产具备了开发价值，厦门铁路文化公园就提供了一种不改变原有产权和原有功能基础上低成本改造闲置资产的新思路。类似的城市地下空间、战备设施空间，都可以进行盘活再利用，从而带动老城区服务的提升。

致谢：特别感谢厦门市政城市开发建设有限公司李凡先生和厦门山水至上生态环境有限公司叶木泉先生对本文的帮助。

第5章 Ⅱ类用地相关案例分析

5.1 上海上生新所更新——依托强运营与社会资本参与的更新模式

张　沁　罗海师

案例信息

类型：Ⅱ类用地产业科研园区更新
时间：2015 年启动，2018 年正式运营，持续运营中
对象：上海长宁区政府、新华路街道、上海万科、上海生物制品研究所
特点：社会资本参与的工业园区和历史文化遗存转型升级的更新案例

导读

上生新所，原为上海生物制品研究所（简称"上生所"）科研与生产园区，随着城市发展，原用途已不符合城市功能。在上海长宁区政府政策支持下，通过用地性质变更、提高容积率，并以补缴土地出让金的方式，将原本封闭的科研院所更新为开放的文化艺术街区。更新前后产权人不变，同时引入市场化企业上海万科。万科与上生所签订 20 年租期，接管上生所腾退的厂房园区，并投入资金对园区进行设计、改造、运营。经过近 3 年努力，以"上生新所"为名正式开放运营。上生新所是工业园区和历史文化遗存转型升级为艺术街区的代表，也是社会资本参与城市更新的典型案例。

5.1.1 项目背景

1. 历史文化丰厚，特色鲜明

上生新所所在区域，百年前位于哥伦比亚生活圈内，是上海西区历史的一道缩影。孙中山先生之子孙科、建筑师邬达克及家人、英国作家巴拉德等知名人物在此居住。哥伦比亚乡村俱乐部，是当时外籍侨民运动、休闲、娱乐以及聚会的高档场所。加之四周优美的乡野田园风光，使这里成为当时侨民的理想居住地（图 5-1）。百年历史传奇孕育出哥伦比亚生活圈独特的文化气质。

1951 年，时任上海市市长陈毅下令将华东人民制药公司上海生物学厂（上生所前身），由天通庵路迁至延安西路。上生所在哥伦比亚圈落户，建设为"科研实验区"。占地 70 多亩（约 4.67hm²），近 5 万 m² 建筑。区域内由孙科别墅、哥伦比亚乡村俱乐部、海军俱乐部 3 处历史建筑（图

图 5-1　哥伦比亚圈鸟瞰图
（图片来源：普益地产 1930 年宣
传册）

图 5-2　孙科别墅
（图片来源：作者于上生新所拍摄

图5-3 哥伦比亚乡村俱乐部改造
前后
（图片来源：作者自绘）

图5-4 海军俱乐部改造前后
（图片来源：作者自绘）

5-2～图5-4）、11栋贯穿中华人民共和国成长的工业改造建筑、4栋风
格鲜明的当代建筑组成。

2. 区位条件优越，用地性质错配

上生新所位于上海延安西路1262号地处"上海第一花园马路"盛名的新
华路历史风貌区。拥有良好的区位条件。背靠虹桥交通枢纽，交通便利，也是
西上海大型居住社区聚集地，人流汇聚。随着城市发展和生态环境要求的提高，
原本上生所的科研与生产功能已不再符合城市用地的发展需要。至此，开启了
上生新所的更新之路。项目历时3年，2018年完成了一期的改造并正式对外
开放（图5-5）。

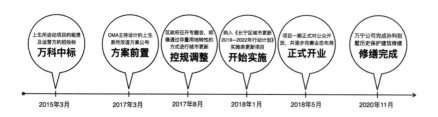

图 5-5   上生新所更新历程
注：万宁公司（万科成立的运营公司）
（图片来源：作者自绘）

5.1.2　改造阶段的政策与机制

在2016年4月，上海市正式颁布《关于本市盘活存量工业用地的实施办法》
（沪府办〔2016〕22号）。明确了工业用地更新的土地供应方式、土地出让
价格、土地性质转性、相关退出机制等政策。依据该办法，在长宁区政府积极
协调下，上生所整体搬迁，并与上海万科签订了20年整体租赁协议。万科以"租
赁 + 改造 + 再租赁"的模式，获得该地块的开发权和经营权。

1. 用地性质转性，容积率提高，释放土地价值

上生新所是通过存量用地转性，增加容积率的方式进行更新，由产权所有
人补缴土地出让金。经控规调整，将原来的教育科研用地转变为商业、办公、
公共服务的混合用地，规定其中不少于13.5%用地作为社区级公共设施用地。[①]
地块的容积率由改造前0.69提高到1。改造后总建筑面积为47 364m²，新
增约1.5万 m²建筑面积[②]（图5-6）。

土地出让金的补缴主要有两部分，一部分是用地性质转性的补缴；另一部
分是新增的容积率的补缴。补缴依据建设用地价格体系确定，经所属规划与自
然资源主管部门研究，提出具体补缴方案。

上生新所此次更新容积率调整后，增加建筑面积约1.5万 m²，参照邻近
商业用地出让的楼面价3万元/m²，[③]需补缴约4.5亿元。[④]上生所由于土地性
质变更的用地差价难以获得准确数据，目前4.5亿元并不包括土地性质变更所
产生的费用，实际总体补缴费用不少于4.5亿元。

① 社区级公共设施用地：Rc（按配比车位中有100个社会共享车位）。
② 数据来源：上海市规划和自然资源局——方案公示。
③ 数据来源：周边土地招拍挂起始楼面价格。
④ 数据来源：作者推算。

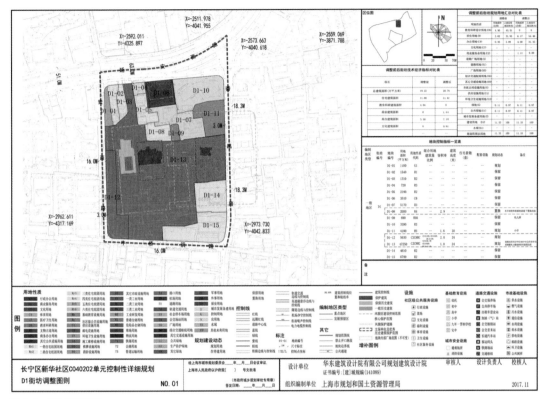

图 5-6　控规调整图则
（图片来源：上海市规划
和自然资源局）

2. 所有权、开发权、经营权剥离，社会资本进入

上海万科以 20 年整体租赁的方式，每年向产权方上生所支付租金。并带资入场，承担了项目改造和修缮费用。

根据 2022 年《关于上生新所中心广场项目核准的批复》[①] 的信息，上生新所中心广场项目属于上生新所二期改造。其中二期项目总投资额为 3.5 亿元，[②] 建设资金来源为自筹。根据二期公开数据计算，改造建设标准约 1 万元 /m²。更新地块内一期已改造装修项目建筑面积 24 074m²，[③] 由此推算出一期改造和修缮的资金投入，约为 2.4 亿元。一期、二期万科改造资金约为 5.9 亿元。[④]

---

① 数据来源：上海市长宁区发展和改革委员会《关于上生新所中心广场项目核准的批复》。
② 改造建筑主要包括：保留 30 号楼，计容建筑面积约 874m²，新建 5 栋建筑计容面积 23 803m²，还有约 1 万 m² 的地下空间，共约 3.5 万 m²。
③ 数据来源：上海市规划和自然资源局——方案公示。
④ 数据来源：因更新过程中所产生的投资额属于企业商业机密而难以获得准确数据，经相关政府文件及学术研究论文，大致估算其投资额。

5.1.3 改造阶段的政策与机制

1. 运营前置与强运营能力

项目改造方案由 OMA（大都会建筑事务所）主持设计，对地块重新定位。空间设计和业态相互契合，确保入驻企业符合上生新所的发展基调。业态设计和招商同步。引入文创 IP"茑屋书店"，构建文化身份形象。以文化艺术作为核心吸引物，给整个项目的氛围定调，提高了区域价值。在业态方面，上生新所 69% 为商务办公，14% 为文化艺术，14% 为餐饮，3% 为娱乐健身。大比例商办增加园区工作日的人流。

图 5-7　文化活动
（图片来源：作者于上生新所拍摄）

上生新所日常主打各类文化活动：包括文化策展、主题艺术节、城市论坛、IP 活动等文化创意活动，形成全年不间断的文化主题，成功打造长宁区示范性国际文化艺术街区，保证了园区高出租率。上生新所不仅有丰富多彩的文化交流活动（图 5-7）、商业活动，也为周边居民提供了日常休闲的开放街区（图 5-8）。

图 5-8　街区广场
（图片来源：作者于上生新所拍摄）

2. 通过运营提高租金水平

依托万科的综合开发能力。上生新所开幕之际，园区入驻率达到90%以上。通过文化艺术街区的强有力运营，提升租金水平，保持稳定现金流。上生新所获得的租金成为该项目的主要收益。

5.1.4 上生新所的财务状况

1. 运营收入 [1]

1）办公空间，租金介于 9~10 元 /（m² · 天），高于周边写字楼租金的平均水平 [3.5~9 元 /（m² · 天）]，[2] 办公建筑面积约为 3.3 万 m²，入住率以 85% 计算，办公的年收益约在 9000 万元。

---

[1] 万科运营的收益属于商业机密，在调研采访后，上海万科选择不公开运营数据。作者通过参考文献及现场调研，对其运营所产生的费用进行估算。
[2] 数据来源 亿翰城更研究中心——有机更新案例研究|上生新所："没落研究所"到"网红地标"的蝶变。

2）商业空间，建筑面积约在 8000m²，商业租金约为 13 元 /（m²·天），入住率以 80% 计算，商业的年收益约在 3000 万元。

3）文化艺术空间，建筑面积约在 6600m²，租金约为 6 元 /（m²·天），入住率以 100% 计算，年收益约在 1500 万元。总体年租金收入约为 1.35 亿元。

目前上生新所物业费为 28 元 /（m²·月），按开业率 90% 计算，每年约 1400 万元的物业费收入。[①] 总的年收入约在 1.5 亿元（表5-1）。

表 5-1　收入明细

空间类型	建筑面积（万 m²）	租金单价[元/（m²·天）]	入住率	租金收入（万元）	物业单价[元/（m²·天）]	物业收入（万元）
办公	3.3	9~10	85%	9000		
商业	0.8	13	80%	3000	28	1400
文化艺术	0.66	6	100%	1500		
年租金总收入	约 1.5 亿元					

（表格来源：作者自绘）

2. 运营费用

1）运维成本：主要包括营销推广、水电支出、人员工资、维护维保等。根据商业项目通常的运营成本计算，一般为 400 ~ 500 元 /（m²·年）。上生新所属于强运营推动，因此作者按 500 元 /（m²·年）推算，[②] 上生新所年运营成本约为 2500 万元。

2）折旧成本：万科整体租赁 20 年，投入改造资金约 5.9 亿元，以平均年限法计算，每年折旧费约 2900 万元。

3）税费：万科和上生新所支付税费方面。主要包括两种税种，增值税（6%）和企业所得税（25%）。年营业额 1.5 亿元，每年增值税约为 900 万元。项目利润 9600 万元，每年企业所得税为 2400 万元。合计约 3300 万元 / 年。

以上关于上生新所的运营收入和运营费用，是将上海万科和上生新所视为一个整体进行计算。每年净利润约 6300 万元 / 年，如图 5-9 所示。

---

① 数据来源：作者推算。
② 数据来源：作者以通常商业运营成本估算。

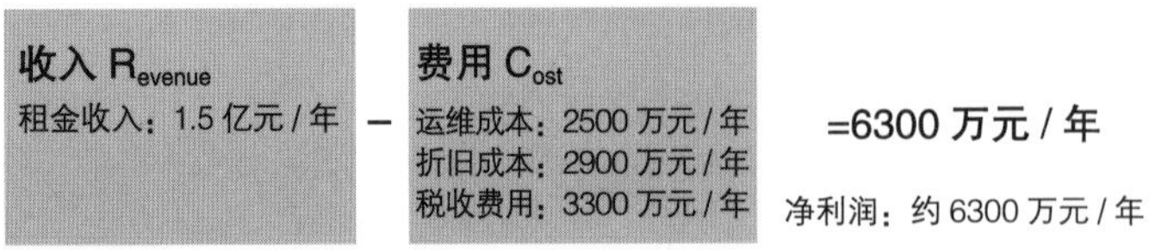

收入 R_{evenue}
租金收入：1.5 亿元 / 年

费用 C_{ost}
运维成本：2500 万元 / 年
折旧成本：2900 万元 / 年
税收费用：3300 万元 / 年

=6300 万元 / 年

净利润：约 6300 万元 / 年

图 5-9　上海万科 + 上生新所利润表
（图片来源：作者推算并绘制）

5.1.5　多元利益主体平衡的机制

1. 政府政策支持盘活低效用地

1）资产价值：上生新所更新是通过存量用地转性，增加容积率的方式，以上生新所周边的商业价格 4.7 万元 /m^2 计算，总建筑面积 47 364m^2。容积率的市场价值约为 22 亿元，补交土地出让金不少于 4.5 亿元（实际补交地价应高于 4.5 亿元），改造费用约 5.9 亿元。政府资产投入约 17.5 亿元（图 5-10）。

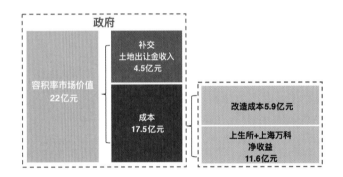

图 5-10　政府资产负债表
注：数据来源于作者推算

2）税收收入：目前园区内共有大型商户 28 家，办公 7 家，都为行业头部企业；引入特色商业 21 家。园区企业落税率达到 62%，平均每年为长宁区创造税收约 7000 万元[①]（其中万科和上生所支付税费约为 3300 万元，其余为商户税费）。

3）提供新的公共服务：用地性质变更要求用地必须保留 13.5% 公共设施用地，为周边市民提供日常活动场所，注入了公共服务，更新方案通过打开原本封闭的园区，收获公共开放空间，逐渐生长成沉浸式的文化街区。有数据显示上生新所 2021 年月均到访人数提升至 18.2 万人次，相比开园之初高出 2.3 倍；其中，喜爱潮流的年轻客群重复到访频次也提升至每月 3.2 次。[②]

---

① 数据来源：长宁区虹桥、中山公园地区功能拓展办公室。
② 数据来源：RQ 商业观察室——上生·新所：一座具有「沉浸感」的街区是如何养成的？

4）其他收入可能：例如带动相邻地块土地价值，在上生新所运营启动后，又通过出让周边地块，获得经济效益。更新改造后，不仅地块内部升值，还带动了相邻地块一同升级。在上生新所开业 2 个月后，相邻上生新所的长宁区新华路街道 49 街坊 42/1 丘 D1-12 地块，用地面积 0.56hm^2；建筑面积 1.11 万 m^2，以溢价率 42.08%，5.2 亿元被金地集团拍得。[①] 而产生的溢价就是通过上生新所资产价值提升所带来的。

上生新所通过增容和土地性质变更，实际上的容积率市场价值约有 22 亿元，扣除补交土地出让金和改造成本，政府相当于在上生新所项目中注入 17.5 亿元的资产投入，如果考虑这部分投入的机会成本，即财务费用（假设 17.5 亿元来自于债务融资），以 4% 的利率计算，刚好和政府的税收收入相抵（图 5-11）。

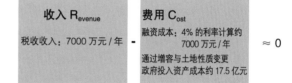

图 5-11　政府利润表
注：数据来源于作者推算

2. 上生所：获得资产升值及现金流

上生所腾退厂房，将研究所搬至奉贤，并支付土地变更的费用，补缴至少 4.5 亿元（作者前文推算）的土地出让金。改造运营后的上生新所物业资产价值大幅提高。同时每年万科还会向上生所支付整体租赁的租金，租金约在 7500 万元 / 年左右，[②] 获得稳定现金流。

3. 上海万科：收获城市更新标杆项目

上生新所是万科进入上海城市更新领域的标杆项目。从历史建筑的修缮，多样化业态的引入，公共空间的塑造、历史建筑保护利用以及为周边市民提供日常活动场所，都是城市更新的典型。

在财务上，主要的资金投入包括改造成本和运营成本。其中改造投入约 5.9 亿元（作者前文推算），运营成本包括万科支付上生所租金约 7500 万元 / 年，

① 数据来源：上海土地市场地块公告 201807903。
② 数据来源：产业存量更新的综合效益评估研究——以上海为例。

日常运维成本约 2500 万元。每年创造 1.5 亿元的租金收益。扣除前述运营成本，万科每年的毛利润约 5000 万元（不包括折旧、税费和融资费用）。实际上万科在上生新所项目上的收益并不高。

5.1.6 综合效益评价

1. 政府政策支持与高水平运营

上生新所可推广性主要在于两方面：

一方面是政府政策支持。政府允许就地增容和改变用地性质，并补缴土地出让金，减少了招拍挂流程。并将用地的所有权与经营权剥离，搭建城市更新平台，引入万科，推动了万科与上生所合作，并以企业自筹改造资金的方式盘活资产。

另一方面是依托万科的运营能力。通过运营前置，携手国际建筑设计事务所 OMA 对地块进行整体的更新改造。同时以文化认同为抓手，成功引入文化 IP，将原本单一业态的产业园区转变为生产 + 生活的多元复合业态的创意艺术街区，提升了租金水平。

2. 有效降低非财务成本的办法

第一，地块产权相对完整清晰。产权人为国有医药科研单位，虽地块内的历史建筑存在产权遗留问题，通过项目得到有效清理，使地块产权清晰。

第二，所有权、开发权、经营权剥离。以整体租赁的方式减少了与原产权人的谈判过程。

第三，运营前置。通过运营前置，招商前置，明确了企业空间使用的需求。再展开用地性质调整。为入驻企业提供合适的经营空间，确保项目改造完成即可开业，降低了运营难度。

3. 项目缺乏增值权益的保障

对万科而言，作为更新改造者缺乏项目增值权益的保障。以笔者推算的万科财务状况来看，仅 5.9 亿元的改造成本，要约 12 年甚至更长周期才能收回，投资回报周期较长。以租赁的方式导致像万科这样的运营商无法分享由城市更新带来的土地增值。并且由于租赁期结束后，园区的运营情况就与改造者无关，运营商可能因为没有动力，在更新改造上做出更长远和可持续的投入。

对上生所而言，实际是项目最大的受益人。从资产负债表中看出，如图5-10所示。通过更新，上生新所的资产价值高达 22 亿元，扣除补缴的土地出让金和改造费用，该项目资产价值的净收益约 11.6 亿元，由于万科作为租赁方不享受资产升值的收益，实际受益人为该用地所有者上生所。上生所不但有固定资产的升值。物业出租的 7500 万元 / 年租金收益，也带来稳定的现金流。

整体来说：产业用地是地方政府利润表中创造现金流的主要空间，这也意味着能带来现金流的运营商是产业用地更新的真正企业。城市发展从增量建设时代转向存量运营时代，保证城市现金流是地方政府的主要任务，应将其回归到税高者得。而能操盘的运营商是产业用地更新的主要力量。

5.1.7 总结

上生新所作为城市更新的标杆，是社会资本参与城市更新的典型案例。城市更新常常被认为是政府的主要职责和实施范畴，但庞大的城市增量空间同样需要社会、企业、团体的参与。

上生新所更新案例的三个特色在于：①避免了高征收成本和招拍挂流程，快速完成用地性质和容积率的变更，并补交土地出让金；②委托专业运营团队操盘，保证了项目成功招商和高出租率，确保项目现金流可持续；③在房地产持续低迷的今天，万科提供了一个范例。改变房地产开发商依靠增量土地开发盈利的局面，转型为以轻资产运营的方式参与城市发展。

虽然上生新所项目收益与以往房地产开发的收益相比还有差距，但当下是现金为王的时代。创造空间的高附加值，实现稳定现金流，应该是政府和社会所需要共同努力的方向。政府也应该加大对综合开发和运营商的扶持，保障参与各方利益共享，激发更多主体参与，共同推动城市更新的良性发展。

由于文章涉及公司商业机密，在与上海万科上生新所运营团队联系后，上海万科选择不公开具体数据信息，文章数据为作者推演计算。

第 6 章　Ⅲ类用地相关案例分析

6.1　广州永庆坊更新 ——"异地平衡"的历史街区更新保护

张　力

导读

历史街区的改造一直是城市更新的难点，只要项目涉及产权重置，则意味着征地拆迁后需要就地增容来实现财务平衡，这一做法显然会破坏历史街区的原有风貌及文化底蕴。永庆坊作为历史街区更新保护的代表，政府通过产权重置，没有就地增容，而是通过类似基金池（其他地方增容收入）的"异地增容"方式进行财务平衡，此种模式是建立在"土地财政"模式的基础上。

案例信息

类型：Ⅲ类用地历史风貌住区更新
时间：2007—2016 年（2007 年试点启动，2016 年一期完工）
对象：政府（荔湾区政府）、产权人（永庆坊居民）、运营商（广州万科）
特点：相当于"异地平衡"财务模式的历史街区更新保护

6.1.1　案例背景

1. 基本情况

永庆坊，位于西关地区，为广州典型的旧城居住区，处在荔湾区恩宁路中段，属至宝社区（图6-1），与龙津西路、上下九步行街等形成广州最完整和最长的骑楼街。这里有丰富的历史文化资源，包括泰华楼、八和会馆、李小龙祖居以及连片的西关大屋等传统建筑，是极具广州都市人文底蕴的西关文化旧址的核心区域。永庆坊总占地面积 11.3 万 m^2，一期占地面积约 0.78 万 m^2（图6-2）。永庆坊一期于 2016 年 9 月完成改造正式开街，二期于 2020 年 12 月全面开街，本书以永庆坊一期为例进行更新模式探索，下文所提永庆坊皆指永庆坊一期。

2. 更新模式历史演进

早在 2007 年，恩宁路片区就作为危房改造的试点进行了拆迁改造，但由于当地居民的抵制，规划方案从 2007 年到 2011 年期间数易其稿，改造最终于 2014 年陷入停滞阶段，直至 2016 年作为微更新试点才打破僵局。发展至今，恩宁路共经历了 3 个阶段的改造。

图 6-1 永庆坊区位
（图片来源：作者整理改绘）

图 6-2 永庆坊一期区位
（图片来源：作者整理改绘）

1）第一阶段：2007—2011 年："大拆大建"模式阶段

2007 年，为了迎接 2010 年亚运会，广州开始了以政府为主导的旧城更新改造。荔湾区政府提出以恩宁路地块连片危旧房改造作为旧城更新改造的试点。在恩宁路之前的广州旧城改造，并没有将街区视为具有保护价值的历史载体，而是等同于一处普通的危旧房改造区域，采用一般的"房地产开发"思路来对待。由于片区内历史文化建筑保护不力等原因引发了社会的强烈反对。尽管居民与社会各界的反对声一直持续不断，但是政府的动迁工作也在持续推进之中。截至 2009 年 7 月，已签约的有 1188 户，占应动迁总量的 61%。[①]

2）第二阶段：2011—2015 年："探索自主更新"阶段

2011 年，居民街坊、专家学者及社会各界对"大拆大建"模式质疑，荔湾区重新对方案进行检讨、修改、斟酌，探索保护利用老街区的建设模式。时任规划局局长在一则通稿里提到支持自主更新。于是，恩宁路 130 名居民积极响应，联合签署了《恩宁路居民给社会各界的公开信》（以下简称《公开信》），表示希望采取自主更新的模式，逐步整治。在《公开信》中，居民表示政府要做好引导工作，资金来源应该多样化，可以是业主自行出资，联合出资以及政府出资为主、居民出资为辅等方式或者是多方式的结合。但是在紧接的 3 年中，由于缺乏政府引导、指导和资金来源，居民内部也没有达成一致共识，更新工作一直停滞不前。

3）第三阶段：2015—2016 年："试点微改造"模式阶段

2015 年 2 月，广州市城市更新局成立，《广州市城市更新办法》（以下简称《办法》）也相继出台。《办法》提出了"微改造"的城市更新模式，以此为契机，永庆坊作为"微改造"[②]试点重新启动。2015 年 12 月永庆片区改造工作正式启动，更新建筑面积约 7800 多 m^2。该模式较为充分地尊重居民意愿，允许不愿搬迁的 12 户居民继续留下或者进行"自主更新"。对于修缮的资金来源，政府采用 BOT 的模式引入社会资本，通过公开招商引入广州万科房地产有限公司建设该项目，建设结束之后该企业享有 15 年的经营权，期满之后交回给政府。2016 年 9 月底，该项目完成修缮改造并对外开放，改社区名为永庆坊（图6-3）。

---

① 来源：新快报。
② 所谓微改造，即在改造过程中，保留社区原有肌理，对街区进行局部修补；聘请专业的建筑施工团队，对建筑进行立面更新和修缮。

图 6-3　永庆坊鸟瞰图
（图片来源：永庆坊综合管理处）

6.1.2　产权重置下的模式组合

1. 产权重置——异地增容

2007—2015 年，荔湾区政府拆除了恩宁路片区的连片老建筑，并分批迁走了危破房的居民，收回了部分土地和房屋产权。恩宁路的改造总体需搬迁住户 1950 户，其中公房约占三分之一，私房占三分之二，根据产权性质的不同，通过货币补偿和物业补偿两种方式，对恩宁路旧城区的居民进行疏散，并且结合廉租房、经济适用房、二手房市场、商品房和政府提供的就近回迁安置房的方式来进行住房的再分配（图 6-4）。

公房租户挑选了市内其他公房继续租住，安置房源主要为位于金沙洲、珠江新城以及恩宁路周边零散房源；私房业主，大多选择弃产、领取补偿款的方式。对于恩宁路地块私房货币补偿标准，基本计算公式为：补偿总额 =（市场

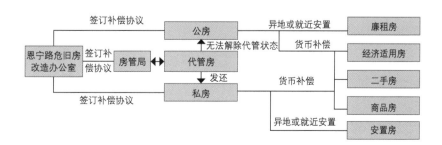

图 6-4　拆迁补偿方式
（图片来源：作者整理改绘）

评估价×1.2 + 1200 + 500 + 其他）×建筑面积。其中，20% 是在评估价
上的升幅，1200 元是购房补贴，500 元是奖励金，其他包括临迁费、装修费等。
2007—2010 年，补偿价格在 9000 ~ 10 000 元 /m² 左右，而荔湾区当时不
带电梯的二手楼每平方米在 8000 元左右。[①]2011—2012 年，货币补偿每平
方米 19 800 元，周边带电梯的二手房均价在 20 000 左右，[②] 恩宁路北片改造
地块总面积约 11 万 m²，在 2007 年到 2012 年的拆迁安置中共花费了 18 亿
元，[③] 按用地面积换算，永庆坊一期（0.78 万 m²）拆迁安置费用约 1.3 亿元，
项目是以"土地储备"的模式进行改造，即由广州市将恩宁路地块的用地红线
划拨给区项目办，由区项目办负责拆迁，拆迁安置费由市土地开发中心先行支
付，安置房源由市国土房管局负责筹集，拆迁完毕后将地块交回市土地开发中
心。[④] 其实质是政府从基金池（其他地块土地出让金）出一笔费用，将原来地
块的居民腾挪安置至其他地方，相当于"异地增容"的财务模式。

2015 年，除 12 户原住民外，永庆片区辖内所有物业产权均已收归国有，
而对于片区内仅剩的 12 户居民，也充分尊重其留守的意愿。

2. 功能改变——居住改商业

永庆片区微改造之前，片区内以居住为主，建筑在不同程度上破损，大部
分房屋空置，整个片区呈现出一副衰败的样子。荔湾区政府在微改造中置换
永庆坊的用地功能，将大部分原居住用地置换成为商业、商务及公共服务配
套设施用地。

政府在改造之初想把一些高新科技产业引入到永庆坊，将永庆坊定位为共享
办公、教育营地、长租公寓、配套商业等四大功能（图 6-5），后来发现效果不
如预期，所以后来那些企业也都撤出去了，而没了产业之后，长租也没有做下去。
在运营过程当中，随着园区客流的增加，最终发现市场可以接受的是一个文商旅
的综合性的业态，于是越来越多的业态转向网红的餐饮、书店、零食等。

3. 品质提升——物业升值

永庆坊经历了微改造更新后，物质环境得到了显著提升（图 6-6）。老旧
物业的品质提升，可以通过物业升值俘获漏失掉的土地价值。片区遵循"修旧

---

① 来源：羊城晚报：恩宁路敲定"拆迁图""补偿价"。
② 来源：新快报：拆迁补偿不能一刀切合理诉求可谈判协商。
③ 来源：陈楚宇 . 广州恩宁路永庆坊微改造模式研究 [D]. 广州：华南理工大学，2018.
④ 来源：羊城晚报：恩宁路敲定"拆迁图""补偿价"。

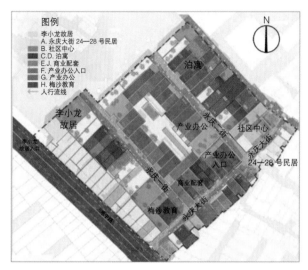

图 6-5　改造后业态分布
（图片来源：永庆坊综合管理处）

图 6-6　改造后业态分布
（图片来源：永庆坊综合管理处）

如旧"的原则，建筑得到重新修缮，植入产业，赋予新的建筑功能，让破败建筑焕发出新的活力；拆除部分建筑植入公共空间，弥补原街区缺乏公共空间的不足。微改造之后，永庆坊片区的环境水平得到全面的提升。政府以永庆坊为"触媒点"对其他区域的居住环境和基础设施进行了分批改造，并鼓励居民通过出租、自主更新住房等渠道进行住区的动态更新。

6.1.3 永庆坊财务分析

在构建城市资产—负债表阶段（图6-7），永庆坊一期前期"征拆支出"费用约1.3亿元，原本打算以传统房地产开发"增容"模式进行资金平衡，后政策转变，以微更新的方式进行改造，这1.3亿元相当于是政府从基金池（其他地块土地出让金）出一笔费用，将原来地块的居民腾挪安置至其他地方。万科改造成本约1万/m²，万科一期项目投资总额约7000万元。[1] 政府得到了一个可产生现金流的固定资产（历史街区），类似成都宽窄巷子，[2] 实质也是相当于一种异地平衡的财务模式。

在城市运营阶段（图6-7），永庆坊的收入主要来源于持续的租金收益、物业管理和多经收入（展览、市集、广告等收入）。目前永庆坊日均人流量约3万~5万人次，周末能达7万~8万人次；商铺平均租金为每平方米100~125元，商铺出租率达98%，因此，租金收益每年约900万元；物业费

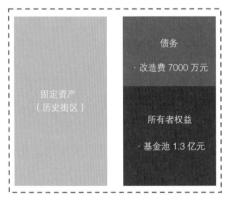

资产—负债表

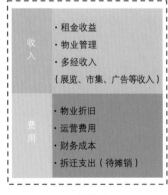

利润表

图6-7 永庆坊改造的财务分析表
（图片来源：作者自绘）

---

① 来源：永庆坊负责人访谈。
② 政府在拆迁成本较低的区位给了文旅集团一块平衡用地，用于房地产开发，为项目融资。文旅集团则依托宽窄巷子的历史文化积累和良好的区位，将其改造为高品质的文旅项目，利用巨大的人流，收获了远比平衡用地（用于房地产开发）多的现金流性收入，实现了项目开发财务的异地平衡。

每平方米 25 ~ 35 元，物业管理收益每年约 250 万元；最后，多经收入占总收入 10% ~ 15%，每年约 130 万元。[①]总的年收入在 1280 万元左右[②]（表 6-1）。

永庆坊的费用主要为物业折旧、运营支出（工程物业、企划策划、人工成本）、财务成本和"征拆支出"（待摊销）。根据万科对开发及运营期的综合成本评估，回本需要 14 ~ 15 年。[③]物业折旧是不可逆的自然规律，万科整体租赁 15 年，投入改造资金约 7000 万元，每年折旧费约 467 万元；[④]历史街区所必需的维护、维修、活动运营、人员工资等运维费用根据商业项目通常的运营成本计算，一般为 400 元 /（$m^2 \cdot$ 年），永庆坊年运营成本约为 280 万元；财务成本以 5% 的年利率计算，每年约 350 万元；"征拆支出"只是一种补偿，不会产生任何的收入。它只会随着时间的推移逐步地摊销到利润表的"费用"项中，减少地方政府的净利润。

表 6-1 永庆坊利润表（单位：万元 / 年）[⑤]

收益			支出			利润
1280			1097			183
租金	物业管理	多经收入	折旧	运维	财务成本	
900	250	130	467	280	350	

（表格来源：作者整理自绘）

永庆坊作为历史街区，本身具有"唯一性及不可再生性"，这一资产会随着时间变得越来越稀缺，租金会提高，其结果会导致资产的升值，并增加净利润；此外，永庆坊作为塑造城市形象、体现城市品牌效应的空间，能够展示地方独特魅力，吸引旅游人群，带动当地消费（机票、酒店、购物等），为城市带来额外的现金流收益。

6.1.4 BOT 导向下多元利益主体分析

本项目创新采取了"政府主导、企业承办、居民参与"的推进模式（图 6-8）。

---

① 来源：永庆坊负责人提供数据范围，作者取中间值推算。
② 平均理想值，如遇疫情等影响，数据波动较大。
③ 来源：永庆坊负责人访谈。
④ 平均年限法计算。
⑤ 来源：因涉及商业机密，永庆坊负责人提供数据大范围，作者进行推算，推算结果为平均理想状态，如遇疫情等特殊情况，数据变动较大。

1. 政府与企业——双赢模式

政府通过前期拆迁安置，逐步收回产权后，政府与广州万科签订了"BOT"（即"建设—经营—转让"）协议的改造模式，予以万科 15 年的经营权，到期后无偿归还政府。万科负责出资对地块内的巷道、广场等公共空间环境品质提升，修缮建筑外立面、建筑内部空间改造。并负责招商运营、推广营销及后续物业管理。在引入社会资本的 15 年间，可解决政府公共资产的折旧和运维费用，同时，通过万科专业运营，不仅能给政府带来源源不断的税收（每年 100 多万元），[①]而且因为历史街区这一资产因其不可再生性会变得越来越稀缺，租金会提高，其结果会导致资产的升值（图6-9）。这些收入未来如果能"抗住"资产折旧、运维的费用，那么就可以大大减少政府公共资产的支出费用。

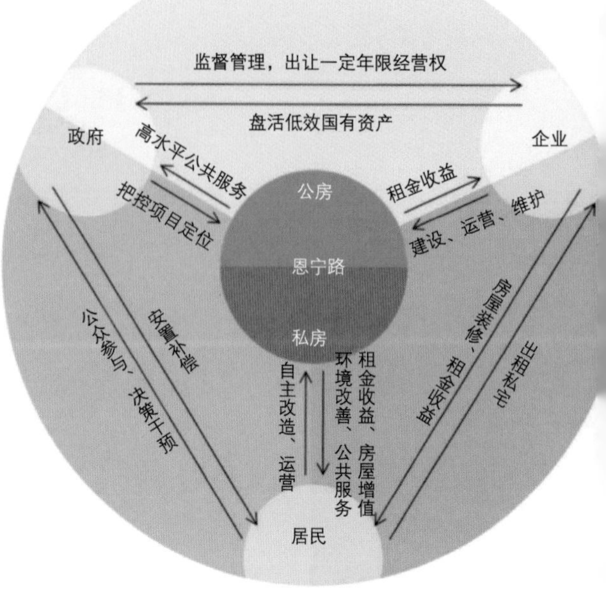

根据万科对开发及运营期的综合成本评估，回本需要 14 ~ 15 年，[②]其运营期限为15 年，企业"基本达到收支平衡"，在一些特殊情况下（如新冠病毒感染影响），企业存在较大的运营缺口，以 2021 年为例，永庆坊大片区（一期＋二期）年收入 2500 万元，成本约 4500 万元（含折旧）。[③]

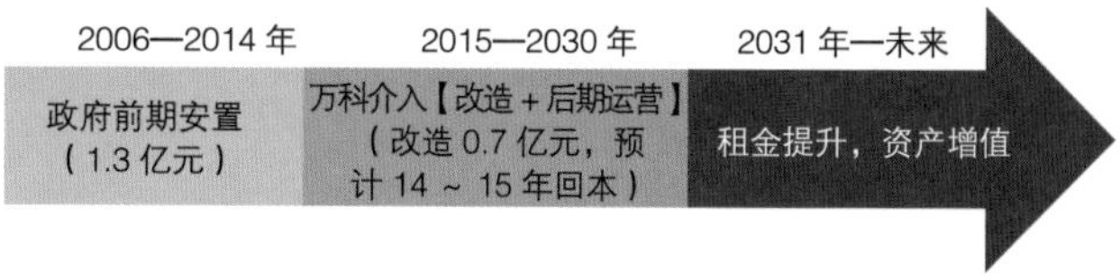

为了提升运营能力以及更好利用现有文化背景进行变现，万科利用李小龙等历史文化元素不断活化永庆坊形象，如举办音乐会、艺术月、摄影展、画展等各类活动吸引人流，同时通过网络推广、电视媒体、软文广告等形式进行推广，扩大永庆坊的知名度和影响力。

永庆坊是广州万科试水城市微改造的首发项目，是企业转型的一个尝试和

图 6-8　永庆坊更新利益主体
（图片来源：广州市规划和自然资源局）

图 6-9　永庆坊更新模式
（图片来源：作者自绘）

探索，企业角色从"开发"到"运营"。不遗余力地做好永庆坊项目，有利于打响万科在城市更新方面的知名度，有利于后续项目的获取（2018 年，政府公开招标永庆坊二期项目开发，万科再次中标）。同时培养自己专业的团队，在未来需求逐渐增大的存量更新市场中有立足之地。

2. 居民——从被动到共赢

在更新过程中，居民有多种途径可以参与更新：首先，可由政府征收，居民获得资金与置换居住空间；其次，居民可将物业出租给开发商运营，或自行出租获得收益。此外，只要遵循相关规划要求，居民亦可自行改造房屋。此前永庆坊地区大部分房屋危旧，整体环境不佳，居民大多会选择将房屋出售给政府，获得相应的补偿金或是置换空间。居民在此次改造中不仅改善了人居环境，房屋租金也得到相应提升，改造前，出租房屋的租金只有 30~40 元 /（m² · 月）的价格，而改造后租金价格达到 60~70 元 /（m² · 月），商铺的平均租金则在 100~125 元 /（m² · 月），为当地居民带来了很好的经济效益。

6.1.5 总结与反思

政府通过产权重置收回了大部分的产权，7000m² 征收付出了 1.3 亿元的代价，放在今天来看，该地段征拆迁需 3.5 亿元（周边均价 5 万元 /m²），而租金收入却没有等比例增加这么多，因此，征拆成本更高，更难实现财务平衡，这是大多数城市无法负担的重担。这个只能作为特定时期特殊地段的改造方式。

永庆坊没有大拆大建，而是保留了原有街区的风貌，一定程度上保留了历史文化底蕴。但是，随着旅游观光的兴起，对原真性要求也会更高，同时随着土地财政结束，不能随意卖地后，未来的改造一定要设法减少重置成本，"自主微更新"是一个大趋势。改造成本可以由居民来出，政府提供政策支持，类似本书中喀什案例（详见本书第 6.5 节），探索出了一条不增容，不依靠房地产，既解决居住功能又通过改造形成稳定现金流的自主改造更新模式。

致谢：特别感谢广州永庆坊综合管理处黄雯娜、东莞万科总办徐赵对本文的大力支持。

6.2   深圳大冲村旧村改造——拆除重建式更新的财务平衡

吴锦海

导读

大冲村旧村改造项目（下文简称"大冲村项目"）是典型大拆大建、增容式开发项目，其本质上是土地金融的老路，用增量的方法解决存量问题：引入开发商，给予村民高赔偿，然后通过政府给予的高容积率进行项目财务平衡。在过去十多年里，这种模式打开了以"房地产＋"为核心的旧村改造之路，让"大拆大建"模式如沐春风，一路高歌猛进。然而，这种模式是严重依赖于"高房价、高容积、高周转"的土地金融来运转，在增量时代房地产快速发展阶段能够取得巨大的效益。但是，如今房地产市场下行、城市化接近尾声，土地融资市场已经饱和，许多城市房地产市场几乎"崩盘"，让极度依赖土地金融的旧改模式无法继续。城市更新需要新的模式和转型。本文从政府、开发商以及村民的财务视角，剖析大冲村项目的改造情况，讲述增容式城市更新是如何实现财务平衡的。

案例信息

类型：Ⅲ类用地城中村改造
时间：1998—2022 年
对象：地方政府、开发主体、原产权人（村民）
特点："政府主导、市场运作"模式，大拆大建类，增容式更新

6.2.1   大冲村的概况

1. 大冲村改造前的基本情况

大冲村位于深南大道的北部、南山区高新技术产业园区（下文简称"高新区"）中区的东片区，东临大沙河，与沙河主题公园、名商高尔夫球场及华侨城隔河相望（图 6-10 ~ 图 6-12）。大冲村用地规模 69.5hm²，改造前建筑量为 102.9 万 m²，[①] 总人口约 7.1 万人，其中户籍人口约 2000 人（户数约 870 户），[②] 租客约 6.9 万人（占总人口的 97%），是高新区内为数不多、规模较大的一个城中村，为高新区提供了大量低成本的生活空间，对高新区的生产制造功能有很好的调节作用。

---

① 拆除范围内的建筑量，数据根据 2006 年 12 月的《南山区大冲村旧城改造现状拆迁查丈测绘工程》统计。
② 以郑、阮、吴三姓为主，分郑屋、阮屋、吴屋三处聚居，其中郑屋仍保留有郑氏宗祠。

图 6-10 大冲村更新前航拍图
(图片来源：大冲项目组[1])

图 6-11 大冲村更新后航拍图
(图片来源：大冲项目组)

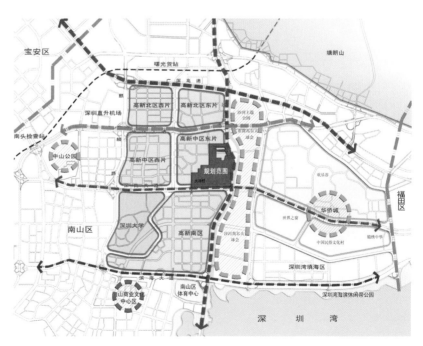

图 6-12 大冲项目区位图
(图片来源：大冲项目组)

①大冲项目组包括华润置地控股有限公司、深圳市城市规划设计研究院股份有限公司、美国 RTKL 国际有限公司、MVA 弘达交通咨询(深圳)有限公司、深圳市综合交通设计研究院等多家单位机构,余同。

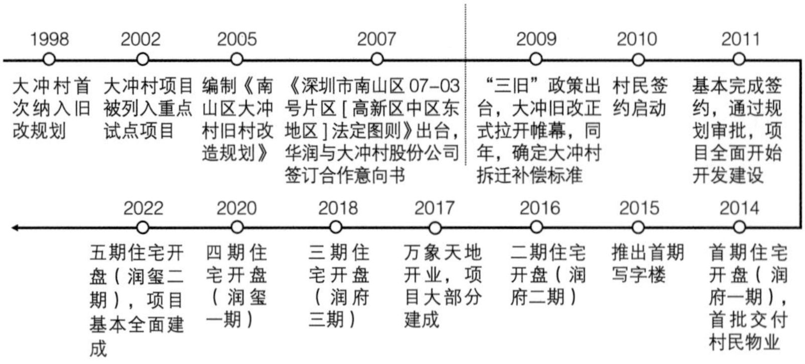

图 6-13   大冲村项目开发进展图
（图片来源：作者自绘）

2. 大冲村旧改历程

大冲村早在 1998 年就纳入了旧改计划，受到深圳市政府的高度重视，但是由于政府、开发商、村民等多方利益博弈难以平衡，导致项目一直无法推进。直到 2009 年广东省"三旧"改造政策出台，开创了"政府引导、市场运作"的城市更新模式。深圳市积极响应政策，以"政府主导、整村统筹、市场运作、股份公司参与"的方式，对大冲村项目在拆迁补偿、开发容量、配套移交等关键问题上做出让步，最终实现了项目的快速推进：2010 年村民签约启动，2014 年首批住宅完成建设，2022 年基本全面完成建设（图6-13）。

3. 大冲村项目容积的确定

2007 年《深圳市南山区 07-03 号片区 [高新区中区东地区] 法定图则》（下文简称"图则"）规划大冲村改造后的建筑总量为 132.4 万 m^2，仅比现状建筑量多 30 万 m^2。由于开发建筑量远远不能满足市场开发的利益诉求，导致图则规划缺乏落地实施性。[①] 作为深圳市的重点项目，市政府为了推动项目实施，2008 年与华润集团签署备忘录：同意大冲村项目规划总建筑量不超过 280 万 m^2（图 6-14）。解决了核心利益问题后，大冲村项目开始正式进入实操层面。

---

① 虽然此时政策、法律上认可的赔偿标准仍然是每户 480m^2，但是村民的利益诉求是所有建筑（含违章建筑）都要按 1：1 的比例赔偿；而开发商作为项目的主要操盘手，付出建设、拆迁等诸多成本，也需要在容积上赚回来。因此，仅仅比现状多 30 多万 m^2 的图则规划量远远不能满足村民和市场开发的利益诉求。

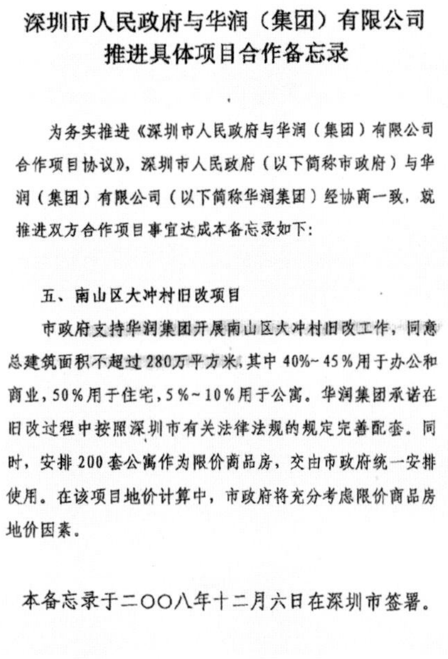

深圳市人民政府与华润（集团）有限公司
推进具体项目合作备忘录

为务实推进《深圳市人民政府与华润（集团）有限公司
合作项目协议》，深圳市人民政府（以下简称市政府）与华
润（集团）有限公司（以下简称华润集团）经协商一致，就
推进双方合作项目事宜达成本备忘录如下：

五、南山区大冲村旧改项目
市政府支持华润集团开展南山区大冲村旧改工作，同意
总建筑面积不超过 280 万平方米，其中 40%～45% 用于办公和
商业，50% 用于住宅，5%～10% 用于公寓。华润集团承诺在
旧改过程中按照深圳市有关法律法规的规定完善配套。同
时，安排 200 套公寓作为限价商品房，交由市政府统一安排
使用。在该项目地价计算中，市政府将充分考虑限价商品房
地价因素。

本备忘录于二〇〇八年十二月六日在深圳市签署。

图 6-14　深圳市政府工作备忘录
（图片来源：大冲项目组）

6.2.2　开发阶段的财务情况

大冲村项目 280 万 m² 的建筑总量中，110.1 万 m² 还迁给村民；政府获
得 6.45 万 m² 的公共配套设施、5.36 万 m² 的保障性住房和 0.165 万 m² 的物
业服务用房，合计约 12.0 万 m²；开发商获得 157.9 万 m² 的开发量（表 6-2，
附表 A）。政府、村民和开发商获得的建筑面积比例为 1：9：13。

表 6-2　现状、2007 年法定图则、2011 年规划建筑量一览表 [①]

	现状			2007 年图则			2011 年规划			2011 年规划较图则增加		
	政府	开发主体	村民	政府	开发主体	还迁村民	政府	开发主体	还迁村民	政府	开发主体	还迁村民
建筑面积（万 m²）	0	0	102.9	3.9	100.9	27.6	12.0	157.9	110.1	8.1	57.0	82.5
合计（万 m²）	102.9			132.4			280.0			147.6		

（表格来源：根据大冲项目组资料绘制）

① 现状建筑面积根据 2006 年 12 月的《南山区大冲村旧城改造现状拆迁查丈测绘工程》汇总；规划
面积来源于大冲项目组的规划文本；还迁量的数据根据网络公布的 110 万 m² 还迁总量以及深圳房地
产信息平台公布的各分项销售数据和大冲项目组的规划文本进行倒导，最终结果以实际为准。

1. 村民方：货币与物业的赔偿收益

大冲村更新前建筑面积为 102.9 万 m²，其中拥有"绿本证"[①]的房屋建筑面积约 27.6 万 m²，无证房屋建筑面积 75.3 万 m²。按照当时小产权房的价格估算，总价值约为 116.9 亿元。[②]

大冲村项目总体上按 1：1.06 进行拆迁赔偿，赔偿总量达到 110.1 万 m²，按照还迁时的市场价值估算，村民的物业价值为 605.3 亿元[③]（附表 B）。加上开发商赔偿的拆迁安置费用 15.8 亿元，在大冲村项目中村民一共获得 504.2 亿元的净利润（图 6-15）。

图 6-15　大冲村项目规划权益分区图
（图片来源：根据大冲项目组资料绘制）

---

① 深圳的房产证有红本证和绿本证之分。红本证是指普通商品房的房产证，业主拥有房屋所有权，房屋可以进行交易、转让、出租；绿本证是指小产权房的房产证，业主不具备房屋所有权，房屋不能进行交易或者转让。

② 按照大冲村当时小产权房 1.2 万元 /m² 的价格估算，大冲村现状房屋整体价值为 1.2×（27.6×0.8+75.3）=116.856 亿元。拥有"绿本证"的房屋，其产权受法律保护，但是不允许交易。在市场中非法交易的"绿本证"房屋不被法律认可。交易转让后，无法更改"绿本证"名字，原产权人可以通过补办或者上诉法院的形式追回。因此拥有"绿本证"在非法交易市场中更加难以转让，导致其价格较无证房屋价格更低。在本次测算中，"绿本证"房屋按照无证房屋的 80% 计算。

③ 按照最新价格估算，村民的物业价值为 1221.5 亿元，户均约 1.4 亿元，几乎实现全村亿万富翁。

2. 开发商：开发地产的利润收益

1）投资情况

大冲总投资 258.9 亿元，[①] 其中建安成本为 217.9 亿元，包括各类开发建设成本和缴纳地价；[②] 除了建安成本外，开发商还有 15.8 亿元的过渡安置费用和 25.2 亿元的销售成本（表 6-3，附表 C）。

表 6-3 改造成本前期估算表 [③]

类别		成本（亿元）
建安成本		217.9
其中	回迁部分开发成本	52.4
	开发主体持有可租售部分开发成本	128.8
	历史遗留问题及人才公寓部分开发成本	5.6
	小区级公共配套设施和非市政道路建设成本	2.0
	缴纳地价	29.1
其他成本		41.0
其中	过渡安置费用	15.8
	销售成本	25.2
改造总成本		258.9

（表格来源：根据大冲项目组资料绘制）

2）营收情况

商品住宅销售面积 80.4 万 m²，营收 793.4 亿元（附表 D）；

裙房商业销售面积 0.45 万 m²，营收 3.7 亿元（附表 E）；

商务公寓销售面积 13.3 万 m²，营收 108.2 亿元（附表 F）；

写字楼销售面积 6.9 万 m²，营收 47.4 亿元（附表 G）。

根据深圳房地产信息平台的数据统计，大冲项目已经出售面积为商品住宅 + 裙房商业 + 商务公寓 + 写字楼 =95.8 万 m²，营销收入为 952.8 亿元。

3）利润估算

将大冲村项目目前已收入 952.8 亿元，减去前期 258.9 亿元的投入和土

---

① 投资费用为改造前估算，具体以实际投入为准。
② 缴纳的地价由于政府返还给大冲村项目用作市政基础设施建设，因此也算入建安成本。本节"3. 政府方：财政的盈亏情况"中有详细阐述。
③ 根据土地增值税和企业所得税等税费的计算规则初步估算。

地增值税、企业所得税等税费约 350 亿元，[①] 可知大冲村项目实际已经实现销售净利润 343.9 亿元。根据规划、出售和还迁的面积数据，得出大冲村项目自持（含未出售）的建筑量约有 62.1 万 m²，[②] 参考同类或类似功能已出售的价格，可估算出大冲村项目自持部分的价值为 405.9 亿 ~ 592.0 亿元（附表 H），可算作净利润收入。因此，开发商在大冲村项目获得的总净利润为 749.8 亿 ~935.9 亿元。

3. 政府方：财政的盈亏情况

土地出让金：大冲村 280 万 m² 的容积缴纳 29.1 亿元的地价。[①] 政府为了支持项目的开发，将所获得的地价全部返还作为大冲村项目市政基础设施建设的费用。[④] 也就是在开发阶段政府的土地出让收入为零。

土地增值税、企业所得税等税费：约 350 亿元。

从会计计算法则来看，大冲村 280 万 m² 的容积是政府的"资产"，价值 1 746.1 亿 ~1 932.2 亿元。除去土地增值税和企业所得税等获得的税费约 350 亿元以及销售成本 25.2 亿元和村民征拆成本 116.9 亿元，可测算出政府损失了 1 396.1 亿 ~1 582.2 亿元的容积率价值，相当于政府将土地可融资所得分给了开发商和村民（图 6-16）。

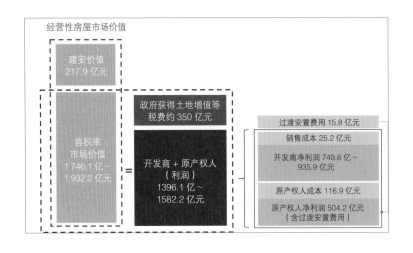

图 6-16 大冲村项目开发阶段的财务情况
（图片来源：作者自绘）

① 根据土地增值税和企业所得税等税费的计算规则初步估算。
② 这部分面积中大冲万象天地购物中心以及部分写字楼、酒店、公寓为华润自持，其余部分尚未出售。
① 按照《深圳市城中村（旧村）改造暂行规定》深府〔2004〕177 号，特区内城中村改造项目建筑容积率在 2.5 以下部分，免收地价；而容积率在 2.5 至 4.5 的，采取相应楼面地价的 20%；建筑容积率超 4.5 的部分，按照 2004 年地价标准收取。按照这个规定，大冲村项目仅需缴纳地价 29.1 亿元。
④ 田湘南，刘洋. 关于深圳市"三旧"改造和新型城镇化建设的研究——以南山区大冲村为例[J]. 经济师，2015（6）：141-142+145.

6.2.3 运营阶段的财务情况

1. 村民方：户均百万元的物业年收入

村民持有的物业每年可获得 20.4 亿元收益，户均 235 万元 / 年（附表 I）。

2. 开发商：年均超十亿元的收益

开发商持有的物业（未出售）每个月可获得 1.1 亿元收益，年均收益 13.7 亿元（附表 J）。

3. 政府方：年均七亿元的税金收入

大冲村项目更新后每年稳定缴纳税金约 7 亿元，目前已累计缴纳税金超百亿元（图 6-17）。

图 6-17 大冲村项目运营阶段的财务情况
（图片来源：作者自绘）

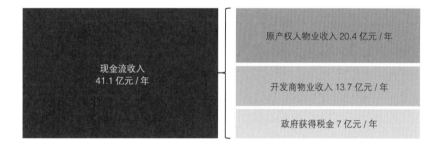

大冲村项目由于特殊的区位、时代背景以及开发商强大的招商运营能力等综合因素，吸引了 300 家金融高新企业入驻，其中包括亚马逊、大都会人寿、松下机电、汇丰银行、平安银行信用卡中心等世界 500 强企业 80 余家企业。所以才创造了村民、开发商、政府多方在运营阶段的高收益，这也是许多城中村项目难以比拟的地方。

6.2.4 两个阶段的财务账本汇总

村民方：拆赔收入 504.2 亿元 + 物业收入 20.4 亿元 / 年
开发商：利润收入 749.8 亿 ~935.9 亿元 + 物业收入 13.7 亿元 / 年
政府方：财政收入 −1396.1 亿 ~−1582.2 亿元 + 税收 7 亿元 / 年

从两个阶段的账本可以看出，村民方收益最大，开发商次之。政府方亏损巨大：贡献了价值 1 746.1 亿~1 932.2 亿元的容积价值，仅获得约 350 亿元的收入，亏损 1 396.1 亿~1 582.2 亿元。亏损的金额按照每年 2% 的利息计算，政府每年要损失 27.9 亿~31.6 亿元的现金流收入。然而政府却只在项目获得了 7 亿元 / 年的税收，远远不足以覆盖亏损的现金流收入。

6.2.5　大冲村改造的财务运作机理

1. 房价高速增长大幅度提升房屋资产价值

大冲村项目中开发商和村民的容积之所以获得那么高收益，一定程度源于房价的高速增长。如果按照容积的实际价值进行出让，那么在房价快速增长的过程中，政府能够获得更大的效益。而事实上未获取的这部分效益，则是政府在赋予高容积时的支出。

2008 年大冲周边的房价大约 2 万元 /m²，到 2022 年大冲村项目最后一期开盘销售时，开盘价已经达到 13.3 万元 /m²，房价增长了 565%（图6-18）。这还是政府限价的结果，如果按照大冲二手房平均 18 万元 /m² 的价格，房价增长了 800%。大冲村房价的"暴涨"，让开发商和村民的资产价值大幅度增加，也让政府在早期"低价"赋予的高容积上损失上千亿价值。虽然在房价的快速增长中政府获得了约 350 亿元的土地增值税等税费收益，但是如果容积价值能够得到正确的评估，那么政府可在同样的土地上获得上千亿的土地收益。而这部分收益在实际中转移到了开发商和村民中，从而造成了政府的直接损失。

图 6-18　深圳、南山和大冲村房价走势图
（图片来源：根据深圳市统计年鉴和深圳市房地产信息平台数据绘制）

2. 产权重置具有巨大的土地征拆成本

在城中村更新的产权重置过程中，土地征拆的对象不是没有配套和建设的"生地"，而是经过配套改善后产生巨大溢价的"熟地"。此时，政府在进行征拆时，需要按照市场价格的溢价赎回"熟地"，因此导致土地征拆成本急剧上升。

大冲村项目用地面积 69.5hm²，按照"净地"的价格估算 8 944.7 万元；[①] 按照征拆时村民房屋价值约 116.9 亿元，征地成本增加了 131 倍；按照还迁时（2014 年前后）的价格估算，村民还迁后拥有的物业价值高达 605.3 亿元，相对于"净地"征地成本增加了 672 倍。

3. 开发商进入一级市场促使了改造容积的提升

2009 年《深圳市城市更新办法》出台后，城市更新全面推向市场。政府将城中村的拆迁谈判权、土地开发权等权利交给了"市场"，让开发商进入原本由政府严格垄断的一级市场。而"市场"可动用的征拆权利极其有限，唯有通过经济效益的方式不断满足村民高拆赔比的利益诉求，以获得村民的支持，让项目得以顺利推进；同时开发商在满足村民的利益诉求后，为了项目具备实施的经济可行性，不得不向政府争取更高的容积率。实际上，政府通过采用容积率补偿的方法，间接承担了开发商提高的征拆成本。所以城中村的拆迁赔偿标准与更新后容积在市场的推动下节节攀升（表 6-4）。

表 6-4　改造成本前期估算表

	政策	南光村	岗厦村	大冲村	华富村	白石洲
时间	2004 年	2006 年前	2008 年	2009 年	2017 年	2021 年
实物补偿	480m²/户补偿住宅	480m²/户补偿住宅	1：0.9 回迁	1：1 回迁	建筑面积 1：1.18 或套内面积 1：1	最低 1：1

（表格来源：根据网络资料绘制）

在大冲村项目的更新过程中，由于 2007 年《中华人民共和国物权法》的出台以及当时的国土资源部发布的禁止行政强拆的命令，给了村民强有力的武器。村民不再满足每户 480m² 的赔偿标准，[②] 要求所有违法建筑也要

① 根据《广东省征地补偿保护标准（2010 年修订调整）》（粤国土资利用发〔2001〕21 号），按照一类地区的耕地 128.7 万元 /hm² 计算。
② 根据《深圳市城中村（旧村）改造暂行规定》（深府〔2004〕177 号）第二十四条：以产权置换方式补偿住宅的，补偿给居民的房地产面积原则上不超过每户 480m²，超过的合法住宅面积实行货币补偿。

按合法建筑的标准进行赔偿。2007—2008 年间，经历了蔡屋围、岗厦村旧改的天价赔偿后，[①] 拆赔标准大幅度提升。到大冲村项目时期，开发商几乎对所有建筑（含违法建筑）均按照 1：1 的标准进行赔偿，并在过渡期内提供 30 ～ 60 元 /（m²·月）的租金补助（表 6-5），最大限度地满足了村民的利益诉求。[②③] 在满足村民的利益诉求后，开发商为了满足项目的财务平衡，向政府争取到 280 万 m² 的建筑量——除了还迁村民的 110.1 万 m²，开发商还拥有 157.9 万 m² 的建筑容积，让项目建成之后产生上千亿的利润。

表 6-5　大冲村拆迁补偿方式

选择的补偿方式	补偿内容
选择物业补偿	首层建筑面积的 60% 按 1：1 补偿商铺物业或写字楼物业
	首层建筑面积的 40%、二层及二层以上按 1：1 补偿住宅或公寓物业
	经大冲股份公司与华润共同认定的村内"老祖屋"，按永久性建筑面积 1：3 补偿住宅或公寓物业
	阳台面积按照大冲股份公司与华润谈定的标准进行补偿
选择货币补偿	永久建筑按建筑面积 11 000 元 /m² 的标准补偿
	简易结构建筑及附属按建筑面积 2500 元 /m² 的标准补偿
选择物业补偿与货币补偿相结合	大冲村民可根据被拆除的永久性建筑面积自行选择物业补偿和货币补偿比例，并按照上述标准分别进行赔偿
过渡安置费	首层 60 元 /（m²·月）
	二层以上 30 元 /（m²·月）

（表格来源：根据大冲项目组资料绘制）

---

①2004 年，蔡屋围村股份公司与京基公司（现京基集团有限公司）签了房地产开发协议，全村近 4.6 万 m² 土地（包括宅基地）全部将被收购。在征收过程中，蔡珠祥夫妇不满意赔偿方案，要求按当时市场价 1.2 万元 /m² 进行现金补偿，却遭到了京基公司的拒绝。由此双方的谈判进入了长时间的僵局。2007 年《中华人民共和国物权法》的出台以及当时的国土资源部发布的禁止行政强拆的命令，给了蔡氏夫妇强有力的武器。鉴于周边房价已经涨到约 2 万元 /m²，蔡氏夫妇要求按照 1.8 万元 /m²、总价 1400 万元进行赔偿，再次遭到京基的拒绝。经过罗湖法院的多次调解，最终确定了 1200 万元的天价补偿。这一消息传出来后，使得已经完成谈判的岗厦村发生了巨大的转变：认同原赔偿标准的村民从 85% 下降到 50%，使得岗厦村的改造陷入僵局。经过两年多的谈判，岗厦的开发主体突破政府 480m² 的合法赔偿标准，所有建筑（含违法建筑面积）按 1：0.9 赔偿。这个消息传出来后，全市再次掀起了违建的高潮，使得原农村集体掌控 390km² 土地，占全市建设用地 42%，但仅有 95km² 为合法用地。违法建筑 37.3 万栋，总建筑面积 4.28 亿 m²，占全市 43%。
②针对部分村民对于回迁时间的担忧，开发主体承诺所有回迁物业将在开工后 3 年内交付，超过半年，则补偿超过期间的 1.5 倍过渡租金，即 30×1.5=45 元 /（m²·月）；半年以上则 2 倍赔偿过渡租金，即 30×2=60 元 /（m²·月）；针对有在地情结的居民，开发商将后期开发的房屋通过整改，转租给村民，租金仅需 20 元 /（m²·月），使得村民居住环境改善的同时，每个月还能有一定收入。
③徐亦奇. 以大冲村为例的深圳城中村改造推进策略研究 [D]. 广州：华南理工大学，2012.

4. 容积率"幻觉"造成城市"资产"流失

容积率并不仅仅是"技术指标",而且是城市公共服务提供者（政府）创造出的所有者权益。卖地所得并不是自由现金流,而是相当于股权融资。在大拆大建的城市更新中,政府为了满足市场的需求,往往大幅度提高项目的容积率,以实现项目的财务平衡。这种模式,在错误的会计法则中,政府貌似没有付出多大成本就实现了城市更新,获得了"固投"增加,实现了 GDP 增长。事实上,容积并非"无偿"获得,而是需要对应新增的公共服务。在城市更新中,公共服务数量不变的条件下,提高了改造后的容积率,就意味着原来业主的所有者权益被稀释了。

深圳市政府支持大冲村项目 280 万 m^2 的容积,这事实上是稀释了原来业主的所有者权益。大冲村更新后虽然增添了不少社区级基础设施,但是也仅仅满足于项目自身所需（附表 K）。对于区域级的基础设施如城市主次干道、轨道交通、市政管网等,依然严重依赖于政府对城市发展投资建设。也就是说,大冲村项目的超高容积,其实是城市"资产"转移的结果。

6.2.6 结论

城市的容积是政府管理城市的最大"资产",也是大拆大建式更新中各方利益的来源。大冲村项目中村民和开发商获得的高收益,来源于政府赋予的高容积上。而高容积在增量时代房价高歌猛进的催化下,让村民和开发商获得了巨额财富,从而也造成城市所有者权益的直接损失。这种通过多方的让利实现少数人发展的模式并不可持续。

自从 2016 年中央经济工作会议首次提出"房住不炒"以来,房地产短时间"暴涨"逐渐退出主流。这也意味着依赖高房价、高容积的旧改模式再也难以适应新时代的发展。

本节附录

附表 A　现状、法定图则、2011 年规划建筑量一览表 [①]

功能		建筑面积（万 m²）						
		现状	2007 年法定图则		2011 年规划		较法图增加	
			开发主体	还迁	开发主体	还迁	开发主体	还迁
商业		18.48	25.1		27.0		1.9	
其中	购物中心	0	25.1	0	18.0	8.6	−7.1	8.6
	裙房商业	18.48	0		0.4		0.4	
酒店		0	0	0	8.0	3.0	8.0	3.0
公寓		0	0	0	14.4	13.6	14.4	13.6
办公		1.15	26.6	0	36.7	30.8	10.1	30.8
工业		19.86	0	0	0	0	0	0
居住		63.13	76.8		140.0		63.2	
其中	普通住宅	0	49.2	27.6	80.4	54.1	31.2	26.5
	保障房	0	0	0	5.5	0	5.5	0.0
公共配套		0.29	3.9		6.5		2.6	
其中	54 班九年一贯制	0	2.0	0	2.2	0	0.2	0.0
	54 班小学	0	1.4	0	1.6	0	0.2	0.0
	其他设施	0	0.5	0	2.7	0	2.2	0.0
总计		102.91	132.4		280.0		147.6	
其中	经营性	102.62	100.9	27.6	157.9	110.1	57.0	82.5
	其他（配套＋历史遗留）	0.29	3.9	0	12.0	0	8.1	0

（表格来源：根据大冲项目组资料绘制）

附表 B　大冲村更新后村民持有物业的价值估算

功能业态	村民持有面积（万 m²）	按还迁时单价（万元 /m²）	还迁时价值估算（亿元）	最新单价（万元 /m²）	最新预估价值（亿元）	备注
商业	8.6	7.6	65.4	13.2	113.5	参考同期已售裙房商业价格
酒店	3.0	6.4	19.2	9.3	27.9	参考同期已售公寓价格
公寓	13.6	6.4	87.0	9.3	126.5	参考同期已售写字楼价格
办公	30.8	6.0	184.8	7.6	234.1	参考同期已售写字楼价格
商品住宅	54.1	4.6	248.9	13.3	719.5	参考同期已售商品房价格
合计	110.1	—	605.3	—	1221.5	—

（表格来源：根据大冲项目组和深圳房地产平台信息绘制）

---

① 现状建筑面积根据 2006 年 12 月的《南山区大冲村旧城改造现状拆迁查丈测绘工程》汇总；规划面积来源于大冲项目组的规划文本；还迁量的数据根据网络公布的 110 万 m² 还迁总量以及深圳房地产信息平台公布的各分项销售数据和大冲项目组的规划文本进行倒导，最终结果以实际为准。

附表 C 改造成本前期估算表

类别			成本（亿元）
建安成本			217.9
其中	回迁部分开发成本		52.4
	其中	工程综合造价	49.5
		管理费	1.5
		不可预见费用	1.5
	开发主体持有可租售部分开发成本		128.8
	其中	工程综合造价	121.5
		管理费	3.6
		不可预见费用	3.6
	历史遗留问题及人才公寓部分开发成本		5.6
	其中	工程综合造价	5.3
		管理费	0.2
		不可预见费用	0.2
	小区级公共配套设施和非市政道路建设成本		2.0
	其中	公共配套建设	1.4
		非市政道路建设	0.6
	缴纳地价		29.1
	其中	商业地价	13.6
		住宅地价	15.5
其他成本			41.0
其中	过渡安置费用		15.8
	其中	临时迁移安置费	7.5
		货币套现	5.5
		一次性搬家费	0.04
		旧村建筑拆除费	0.6
		集体物业过渡期租金补偿费	2.1
	销售成本		25.2
	其中	销售费用	11.0
		销售税费	14.3
改造总成本			258.9

（表格来源：根据大冲项目组资料绘制）

附表 D　商品住宅销售情况表

预售名称	预售批准日期	备案均价（万元/m²）	预售面积（万 m²）	销售额（亿元）	房地产证号	套数（套）
华润城润府（一期）	2014-10-10	4.6	3.6	16.8	4000597237	419
华润城润府（二期）	2014-11-28	4.9	5.9	29.0	4000597237	683
华润城润府（三、四期）	2015-06-18	6.4	7.3	46.8	4000597237	653
华润城润府二期（一区）	2015-10-20	7.6	6.4	49.0	4000629737	520
华润城润府二期（二、三区）	2016-09-22	9.3	6.7	62.8	深房地字第4000629737号	503
华润城润府三期	2018-06-21	8.6	9.9	84.9	粤（2017）深圳市不动产权第0123122号	741
华润城润府三期	2018-09-17	8.6	6.6	57.1	粤（2017）深圳市不动产权第0123122号	555
华润城润玺一期花园	2020-11-16	13.2	14.8	195.4	粤（2017）深圳市不动产权第0123097号	1171
华润城润玺二期花园	2021-12-06	13.2	15.0	198.3	粤（2017）深圳市不动产权第0109405号	1024
华润城润玺二期花园	2022-06-09	13.3	4.0	53.3	粤（2017）深圳市不动产权第0109405号	340
合计	—	—	80.4	793.4	—	6609

（表格来源：根据深圳房地产信息平台资料整理）

附表 E　裙房商业销售情况表

预售名称	预售批准时间	备案均价（万元/m²）	预售面积（万 m²）	销售额（亿元）	房地产证号	套数（套）
华润城润府二期（二、三区）	2016-09-22	9.3	0.2	1.5	深房地字第4000629737号	16
华润城润府二期（一区）	2016-12-26	7.6	0.1	0.7	4000629737	7
华润城润府三期	2018-06-21	8.6	0.1	0.9	粤（2017）深圳市不动产权第0123122号	29
华润城润玺一期花园	2020-11-16	13.2	0.03	0.3	粤（2017）深圳市不动产权第0123097号	10
华润城润玺二期花园	2022-06-09	13.3	0.02	0.3	粤（2017）深圳市不动产权第0109405号	5
合计	—	—	0.45	3.7	—	67

（表格来源：根据深圳房地产信息平台资料整理）

附表 F   商务公寓销售情况表

预售名称	预售批准时间	备案均价 （万元 /m²）	预售面积 （万 m²）	销售额 （亿元）	房地产证号	套数 （套）
华润城润府（三、四期）	2015-06-18	6.4	2.2	14.1	4000597237	108
华润城润府二期（二、三区）	2016-09-22	9.3	4.1	38.3	深房地字第 4000629737 号	196
华润城润府三期	2018-09-17	8.6	3.0	25.9	粤（2017）深圳市不动产权第 0123122 号	676
华润城华润置地大厦（一期）	2018-11-09	7.6	4.0	30.0	粤（2015）深圳市不动产权第 0057696 号	214
合计	—	—	13.3	108.2	—	1194

（表格来源：根据深圳房地产信息平台资料整理）

附表 G   写字楼销售情况表

预售名称	预售批准时间	备案均价 （万元 /m²）	预售面积 （万 m²）	销售额 （亿元）	房地产证号	套数 （套）
华润城华润置地大厦（二期）	2015-12-17	6.0	3.0	17.9	粤（2015）深圳市不动产权第 0057696 号	111
华润城华润置地大厦（一期）	2018-06-20	7.6	3.9	29.5	（2015）深圳市不动产权第 0057696 号	21
合计	—	—	6.9	47.4	—	132

（表格来源：根据深圳房地产信息平台资料整理）

附表 H   华润未出售部分面积价值估算

业态功能	已销售的面积 （万 m²）	未出售面积 （万 m²）（华润自持或待售）	预估均价 （万元 /m²）	预估价值 （亿元）	备注
购物中心	0	18.0	7.6~13.2	136.8~237.6	参考已售裙房商业价格；华润自持
裙房商业	0.4	0	7.6~13.2	0	参考已售裙房商业价格
酒店	0	8.0	6.4~9.3	51.2~74.4	参考已售公寓价格
公寓	11.1	3.3	6.4~9.3	21.1~30.7	参考已售公寓价格
办公	3.9	32.8	6.0~7.6	196.8~249.3	参考已售写字楼价格
商品住宅	80.4	0	4.6~13.3	0	参考已售商品住宅价格
合计	95.8	62.1	—	405.9~592.0	—

（表格来源：根据大冲项目组和深圳房地产信息平台资料整理）

附表 I 大冲村更新后村民持有物业的经营收入估算

功能业态	村民持有面积（万 m²）	出租情况估算（万 m²）	租金单价[元/（月·m²）]	月总租金估算（万元/月）	年总租金估算（万元/年）	备注
商业	8.6	8.2	500	4085	49 020	单价根据 APP 数据取中间值，按 95% 的整体出租率
酒店	3	2.3	125	290	3480	单价参考公寓租赁价格；参考写字楼的空置率
公寓	13.6	10.5	125	1312	15 744	单价根据 APP 数据取中间值；参考写字楼空置率
办公	30.8	23.8	70	1664	19 968	单价根据 APP 数据取中间值；据第一太平戴维斯数据，深圳第一季度的写字楼空置率为 22.8%
商品住宅	54.1	43.7	222	9701	116 412	单价根据 APP 数据取中间值，已按照 870 户，套均面积 120m²，扣除村民自住部分
合计	110.1	—	—	17 053	204 624	—

（表格来源：根据贝壳找房 APP 数据绘制）

附表 J 大冲村更新后华润持有物业的经营收入估算

业态功能	未出售面积（万 m²）（华润自持或待售）	出租情况估算（万 m²）	租金单价[元/（月·m²）]	月总租金估算（万元/月）	年总租金估算（万元/年）	备注
购物中心	18.0	17.1	500	8550	102 600	单价根据 APP 数据取中间值，按 95% 的整体出租率
裙房商业	0	0.0	500	0	0	单价根据 APP 数据取中间值，按 95% 的整体出租率
酒店	8.0	6.2	125	772	9264	参考公寓租赁价格；参考写字楼的空置率
公寓	3.3	2.5	125	318	3816	单价根据 APP 数据取中间值；参考写字楼的空置率
办公	32.8	25.3	70	1773	21 276	单价根据 APP 数据取中间值；据第一太平戴维斯数据，深圳第一季度的写字楼空置率为 22.8%
商品住宅	0	0	222	0	0	单价根据 APP 数据取中间值
合计	62.1	—	—	11 413	136 956	—

（表格来源：根据贝壳找房 APP 数据绘制）

附表 K　公共服务设施一览表 [①]

设施类型		项目需求（根据 2004 年深标）		规划		配套设施对项目的满足情况
		数量（处）	建筑面积（m²）	数量（处）	建筑面积（m²）	
教育设施	幼儿园	48 班	12 800~15 500	3 处，45 班	12 000	缺 3 班
	小学	72 班	21 000~24 400	1 处，54 班	15 800	满足
	初中	36 班	14 400~17 100	0	0	
	九年一贯制学校	—	—	1 处，54 班	21 600	
医疗卫生设施	社区健康服务中心	3	1200~3000	2	3000	满足
文化娱乐设施	社区服务站	3	600~900	3	750	满足
	文化室	3	4500~9000	3	6000	满足
社区服务设施	社区居委会	3	300~600	3	450	满足
	警务室	3	60~150	3	120	满足
	垃圾转运站	5（垃圾收集站）	250~450	2	1000	超出项目需求
	公共厕所	3	180~240	4	280	满足
	邮政支局	1	1500	1	1500	满足
	公交首末站	—	5100~6120	1	4000（地下）	缺至少 1100m²
	肉菜市场	—	—	2	2000	超出项目需求
合计		—	—	—	68 500（含地下）	—

（表格来源：根据大冲项目组资料绘制）

---

① 居住人口根据大冲规划文本，要求以满足 51 429 人需求为标准。

6.3　深圳鹿丹村改造——向下竞容积率的拆建模式

李　翔　林小如

导读

深圳鹿丹村改造是土地融资模式下拆除重建式的城市更新项目。政府通过公开透明的决策过程、灵活多样的行政手段，充分鼓励社区业主参与协商，高效地完成零散产权的集中和土地的收储。值得一提的是，在拍卖鹿丹村土地时，深圳市政府创新性使用"定地价，竞容积率"的土地出让方式，通过向下竞容积率的方式来降低开发商从更新中攫取的利润，并减少政府支出。这反映出深圳政府意识到容积率就是钱、容积率也是政府支出的问题。然而需要认识到的是，鹿丹村改造所沿用土地融资的模式，在当前限地价、限房价的政策背景下不可持续。

案例信息

类型：III类用地老旧小区拆除重建
时间：2009—2018 年（2009 年启动、2014 年开工、2018 年竣工）
对象：深圳市政府、原业主、中海地产
特点：土地融资、向下竞容积率、公众参与

6.3.1　项目概况及改造背景

1. 政府投资建设福利房小区，质量恶化严重

鹿丹村位于深圳罗湖区滨河路南，是 1988 年由市政府财政投资建设的多层福利房住宅小区，1989 年竣工交付使用。该小区占地面积 66 473.7m²，建筑面积 100 146m²（容积率 1.57）共有 7 层建筑 24 栋（其中住宅楼 22 栋、单身公寓 2 栋）。小区共住居民 1280 户。值得一提的是，鹿丹村是当时深圳标志性的住宅小区，曾被评为"全国第一文明社区"，只有表现突出的机关、事业单位的公务员、干部才能获得入住资格。

由于建设中使用了海砂，小区建成后不久即出现了建筑质量问题。建筑墙体开裂、主体钢筋结构腐蚀、外墙渗漏、房顶剥落、水管陈旧生锈等一系列问题开始困扰居民日常生活。此外，小区房屋建筑装修标准较低，公用配套设施差，小区内没有停车场，仅靠区内道路停车。从 20 世纪 90 年代开始，鹿丹村业主联名向市政府提出重建要求。市政府对存在严重质量问题的第 23 栋整体拆除重建，对其他楼房进行修补。修补后的建筑外墙呈现斑马纹路，鹿丹村因此被称为"斑马楼"（图 6-19）。

图 6-19　鹿丹村改造前被称为斑马楼
（图片来源：深圳海砂之殇——鹿丹村 [OL]. 大粤网，2013-03-25.）

2. 居民反对分摊项目重建成本，导致更新项目搁置

2000 年，在业主持续向市政府请愿的背景下，时任市长冒雨造访鹿丹村。其中几户"外面下大雨、里面下小雨"的情形让市长非常震惊，市长随即决定对鹿丹村进行拆除重建。然而，对鹿丹村实施拆除重建面临最大的问题就是资金。由于鹿丹村住宅属于私宅，政府动用公共资金进行拆除重建面临争议，因此要求业主分担项目成本。而业主则认为政府向业主出售了质量低劣的小区，所以应当由政府承担拆除重建的责任。因此分担资金的方案遭到业主极力反对，改造未能取得实质性进展。此后，政府出台多个拆除重建方案与业主协商，均因需要业主分摊成本而难以推行。

3. 鹿丹村被纳入市政公共基础设施项目，开启政府主导拆除重建

由于鹿丹村所住居民大多为政府机关和事业单位的干部，鹿丹村重建受到市政府的高度重视。为了平息业主对分摊项目成本的抵触，2009 年，政府将鹿丹村纳入市政公共基础设施项目，通过征收部分土地用于污水处理厂扩建（图 6-20），赋予鹿丹村重建项目公共利益属性。这使得政府不再要求业主分担征迁重建成本，减少更新实施的阻力。

图 6-20   鹿丹村区位图
（图片来源：作者自绘）

6.3.2   产权整合与住房征拆的策略与机制

1. 政府主导配合社区参与，促进双方充分协商

对鹿丹村改造而言，政府需要与 1200 多户业主充分沟通协商并敲定改造方案，这极大增加了协商谈判的难度。为了降低政府和业主的沟通成本，市政府通过地方媒体、公告栏等方式对小区规划设计方案蓝图进行公示，之后通过书面和电话收集业主意见并对规划设计蓝图进行调整。与此同时，市政府联合派出所、街道办、社区工作站、物业管理处等单位，多次召开全体业主座谈会，有针对性地开展项目宣传及法规政策的解释工作，让业主了解现行各种改造模式的优缺点，了解政府的让利和业主自身的受益情况。

业主之间多年的邻里关系形成了强有力的社会资本，居民拥护有较高威信的业主成立"业主委员会"这样的社区自组织。这些社区自组织一方面作为业主代表与政府谈判，向政府反映业主的普遍利益诉求；另一方面，这些委员会也充当政府的代理人，通过组织业主大会、家访、日常沟通等形式，向其他业主解释政策，消除业主顾虑，降低业主和政府的协商成本。在政府公开透明的宣传和业主充分参与下，鹿丹村形成了经过各方充分协商的改造方案，随即进入房屋征收工作。

2. 政府采取多重策略，加快房屋征收进程

集合式住宅的房屋征收需要政府与各个业主签订合约，以此整合小区分散的产权。由于鹿丹村小区中部分业主房屋产权不完整，因此，政府在征收改造过程中面临巨大的协调成本。例如，小区中部分业主入住时以折扣价购买福利房，其房产产权为非市场商品房（房产证为绿本），不能进行房产买卖交易。此外，部分业主的房产存在抵押、查封、权属不明晰或未完成继承手续等问题。这些都对双方签约造成阻碍。为方便业主与政府签约，政府允许业主通过补缴产权费用，获得住宅完整产权。同时，政府指派专职人员与银行、法院、公证部门、产权登记部门等单位协调，开辟绿色通道处理抵押、查封等问题。这些策略加快了政府与业主签约的进程。

对房屋征收而言，除了与业主签订合约，政府还需要进行房屋移交，支付补偿款并对房屋进行拆除。这些工作往往需要耗费较长的时间。为了加快鹿丹村房屋征收进度，市政府联合市区房屋征收、发改、审计、规划国土委等主管部门，推出特殊审批机制，同步推进签约、房屋移交、补偿款支付、房屋拆除、规划报建的工作方案，加快项目进程。此外，对征收规定期限内达不成补偿协议的业主，市政府与房屋征收主管部门、法院、当地媒体等组成联合拆迁执行队伍，将钉子户家中所有物品打包搬迁至政府公租房，之后拆除建筑并保留钉子户获得赔偿的资格。这些措施均有效提高了房屋产权征收的效率。

3. 政府采用"定地价，向下竞容积率"土地拍卖

完成房屋征迁之后，政府将鹿丹村近 35% 的土地回收，用于污水处理厂扩建，并对其余土地进行市场招拍挂。鹿丹村的拍卖采用"定地价和回迁物业建筑面积、向下竞争可售商品住房建筑面积"的办法挂牌出让。根据挂牌公告，鹿丹村片区土地定价为 8.88 亿元，可开发总建筑面积为 244 067m²，其中，住宅面积 234 537m²（含回迁住房面积 144 051.49m²、商品住房面积 90 485.51m²）。竞买人对 90 485.51m² 的可出售商品住房面积进行向下竞争。每次举牌地块可售面积以 1000m²/ 次的幅度逐步降低。由于鹿丹村的用地是深圳当年出让的第一块居住用地，土地出让时，共吸引万科、中海、金地、卓越、招商、星河、天健、莱蒙等 8 家竞买人参与。经历了 69 次举牌后，中海以 39 900m² 的结果成功拿地，可出售商品房面积减少 56%。

在土地拍卖之后，鹿丹村形成最终的改造开发方案（图 6-21）。规划总体宗地面积为 47 166.23m²，总建筑面积为 193 481.49m²，其中，住

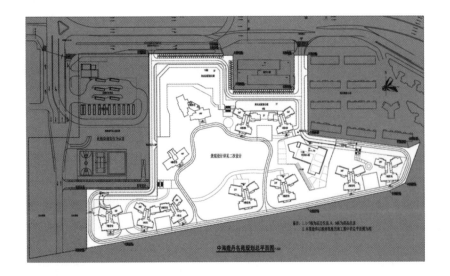

图 6-21　鹿丹村拆除重建后规划总平面图
（图片来源：鹿丹村规划文本）

图 6-22　鹿丹村改造前后对比图
（图片来源：左图：深圳首次试水
"竞容积率"拍卖——鹿丹村是
富矿还是烫手山芋 [OL]. 南都网，
2013.
右图：鹿丹村首批回迁业主昨
日"回家"[OL/N]. 深圳晚报，
2018-01-23.）

宅面积 183 951.49m²（含回迁住房面积 144 051.49m²、商品住房面积
39 900m²），商业 3300m²，其余为幼儿园、社区菜市场、社区管理用房等
配套设施。这意味着，开发商除了要支付地价之外，还需代建 144 051.49m²
回迁房，同时仅有 39 900m² 商品房可用于出售。在土地出让完成之后，
2014 年 10 月，鹿丹村进入重建阶段。2018 年 1 月竣工，业主回迁（图
6-22）。

6.3.3　土地融资模式财务分析

1. 容积率市场价值

　　对鹿丹村而言，改造后容积率从 1.57 提高到 4.1，其中住宅面积
183 951.49m²，包含回迁住房面积 144 051.49m²、商品住房面积 39 900m²。
以鹿丹村周边二手房市场均价 8 万元 /m² 可计算政府通过住宅用地的商品房市
场融资价值为 18.4 万 m²×8 万元 /m²=147.2 亿元。根据鹿丹村"深圳市社
会投资项目核准证"显示，开发商在该项目中总共投入新建建设成本约 12 亿元，

包括 3300m² 的商业建筑，18.4 万 m² 的住宅建筑，以及幼儿园、社区管理用房、物业服务用房等公共配套建筑的建设成本。而容积率的价值是商品房的市场价值扣除建安成本之后的价值，即 147.2 亿元 −12 亿元 =135.2 亿元。

2. 土地出让金收入

政府收入包括商品房的土地出让金收入和原业主安置房增购的购房款（相当于补缴地价，统一计算为政府收入）。开发商在土地拍卖缴纳土地使用费为 8.88 亿元，因此政府收入 8.88 亿元。鹿丹村征拆补偿中允许业主进行增购，业主增购 10m²，价格为 9000 元 /m²。超过 10m² 的，按照市场估价来计算。按照每户平均增购 15m²，平均 4.5 万元 /m² 回购价计算，估算原业主增购款为 8.34 亿元。政府在前期改造征收费用约为 4 亿元（据工作站人员估计），这部分费用在政府土地出让后，由政府还款覆盖。因此，政府实际的收入为土地出让金和增购房款之和减去前期改造征收费用，即 8.88 亿元 +8.34 亿元 −4 亿元 =13.22 亿元。此外，政府从该项目获得近 2.6 万 m² 土地来扩建污水处理厂。

3. 开发商和产权人的利润

对于产权人和开发商而言，容积率价值（135.2 亿元）扣除政府的收入部分（实际收入土地出让金 4.88 亿元和产权人的增购房款 8.34 亿元，共计 13.22 亿元），即转化为开发商和原产权人的成本和收益。因此，我们可以看到政府为鹿丹村改造中被开发商和产权人攫取的利润，即为 135.2 亿元 − 13.22 亿元 =121.98 亿元（图 6-23，表 6-6）。

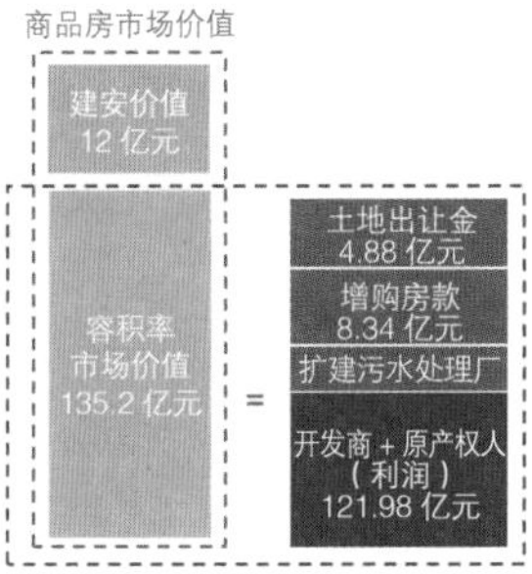

图 6-23 鹿丹村改造财务分析图
（图片来源：作者自绘）

表 6-6 三方利益分配表

主体	财务支出	财务收益	合计
政府	贡献容积率价值 135.2 亿元的容积率	无偿获得土地扩建污水处理厂13.22 亿元现金收入	净支出 121.98 亿元
开发商	支付 8.88 亿元土地使用金新建设成本 12 亿元	可出售住宅	共收益 121.98 亿元
业主	增购款 8.34 亿元	获得套内建筑面积相等住宅	

（表格来源：作者整理自绘）

6.3.4 综合效益评价

1. 前期充分的公众参与和协商顺利推动签约，并降低项目的社会成本

深圳市政府通过信息公开、业主大会、一对一谈判等形式，充分与业主协商，这不仅有助于调动业主的积极性，保障业主的参与权和利益诉求；同时

有效降低了项目实施的社会成本，维护了项目的社会效益，这值得向其他地方政府和基层单位推广。同时，政府主导的更新模式保留政府强制征收的权力，能保证在绝大多数业主同意赔偿方案的前提下，有效处理极少数钉子户对项目推进的阻碍。因此，保留政府强制征收权力对拆除重建式的城市更新非常必要。

2. "定地价、向下竞容积率"的土地拍卖方式减少政府损失

鹿丹村的案例反映出，在拆除重建式城市更新中，政府将容积率这种类似股票的东西变现，拿来补贴改造的成本。容积率所对应的市场价值就是政府融资的价值。融资之后没能转化为政府财政的，就是政府的成本。政府降低容积率，其实是在减少自己的损失和支出。因此，鹿丹村采用向下竞容积率的拍卖模式，有利于把政府的支出减少到最小，对政府更为有利。

同时，深圳市政府在鹿丹村土地拍卖所采用的"定地价、竞容积率"拍卖方式，有助于降低过高的开发强度对周边教育、医疗、交通等基础服务设施的冲击。这展示了深圳市政府通过容积率指标来控制政府支出、调控多方收益、控制开发项目周边基础设施压力的意识和能力，对其他地方政府有示范效应。遗憾的是，该土地出让方式尚未得到推广。同时，该方式没有将房价上涨空间考虑在内，容易导致政府容积率的漏失，最终转化为开发商和居民的收益。

3. 政府主导的公众参与过程导致较高的行政成本和时间成本

然而，鹿丹村更新这种政府主导模式也意味着高昂的行政成本和时间成本。从政府主导的项目立项开始算起，政府与业主协商谈判拆迁赔偿方案的过程耗时 4 年。政府安排副市长负责鹿丹村改造推进，通过深圳市住房和建设局成立"鹿丹村综合改造办公室"，调派上百名职工与 1200 多户业主进行一对一沟通，进行改造方案的确定和修改。其间也通过出台针对性的创新政策，加快谈判进度。这些都意味着高昂的行政成本。需要认识到的是，鹿丹村本身的业主构成大多为深圳市高级干部，这导致政府对该项目有非常多的行政资源倾斜。对于一般的商品房小区，政府很难投入如此巨大的行政资源，从而导致该模式并不具备适用性。

4. 土地融资模式下的财务就地平衡受到限制

鹿丹村的财务平衡仍旧主要延续了土地融资的模式。政府征收并出让土地

获得财政的现金收益，平衡前期的巨额投入。开发商通过将 200 多套商业住房奢侈品化来平衡几十亿的开发和建设成本。这种财务平衡依赖深圳的高地价和高房价，在其他城市特别是地价和房价较低的城市是不可想象的。这种模式也是在房价上涨的背景下才能够成立，否则少量的新增商品房很难平衡整个项目的成本。因此，在当前政府的拍卖地价和开发商的商品房价格均受到严格限制的条件下，双方无法完成投资产出平衡，将导致该开发模式无法实施。

6.3.5　总结与反思

在城市更新中，地方政府需要意识到容积率指标的资本性，意识到容积率同样是政府的公共财政支出。容积率指标的提高意味着政府支出的提高，意味着政府运用公共财政来补贴开发商和私人住户。因此，容积率不能任意加高。深圳市政府在鹿丹村中所采用的"定地价，向下竞容积率"的方式有助于降低政府成本，避免开发商和居民合谋共同向政府要价，具有很好的推广价值。然而，该土地拍卖模式尚未得到推广。同时，需要认识到的是，鹿丹村所代表的城市更新模式本质上仍旧是"土地融资"，政府依靠土地征收出售获得直接财政收益。随着城市发展模式的转变和房价限价政策的完善，靠"卖地"融资、提高容积率和房价来财务平衡的路径已经难以持续，未来城市更新需要探索更多新的模式。

致谢：感谢深圳市城市规划设计研究院股份有限公司王嘉、深圳市规划国土发展研究中心缪春胜，鹿丹村老年协会、中海职业经理人及深圳市住房和建设局住房保障署对本文的支持。

6.4　厦门市湖滨社区成片改造——"大拆大建"模式的老旧小区改造

沈　洁　刘金程

导读

　　厦门市湖滨社区成片改造为Ⅲ类用地老旧小区更新改造，采用大拆大建的成片改造模式，政府利用增容进行项目财务平衡，是典型的"容积率幻觉"案例。政府是容积率价值的"出钱人"，开发商和原产权人为容积率价值的"分钱人"。在房地产下行的如今，这种高度依赖卖地的平衡，以增容为核心的成片改造模式愈加不可持续，该片区土地收储之后经历流拍或许是一种征兆。

6.4.1　案例背景

　　厦门市湖滨社区位于厦门岛内核心地段，与市政府隔筼筜湖相望，毗邻各大商圈，配套设施齐全（图6-24）。片区内建筑老旧住宅超过80%，主要预制板房约占1/3，具有多重安全隐患。2019年政府决定对整个湖滨社区进行拆迁成片改造，由厦门建发承接前期拆迁工作后交由政府。长达3年土地收储

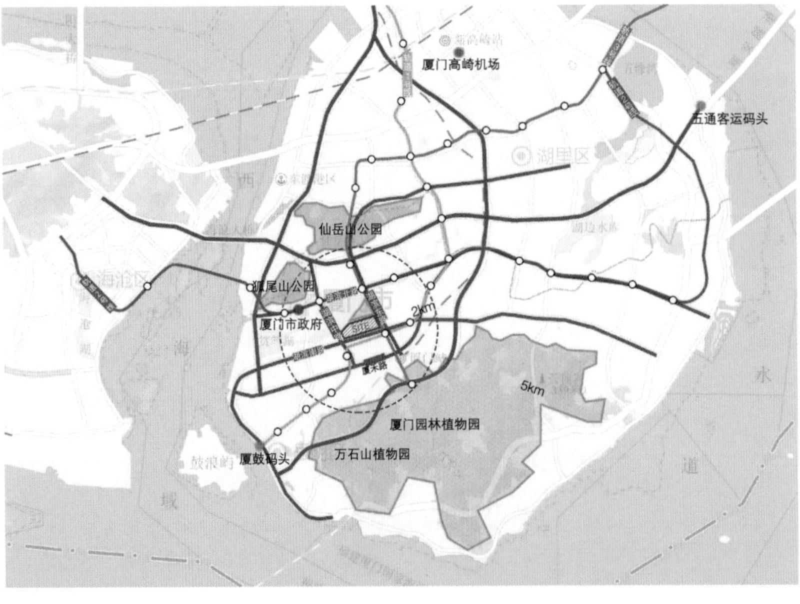

案例信息

类型：Ⅲ类用地老旧小区更新改造
时间：2019年至今
对象：政府（厦门市政府）、产权人（湖滨社区业主）、开发商
特点：政府主导征拆式改造，大拆大建，增容式财务平衡，"容积率幻觉"

图6-24　湖滨社区区位图
（图片来源：作者根据资料自绘）

工作完成后，厦门市于 2022 年 3 月和 5 月分别拍卖出让湖滨片区两块仅有商品房地块，最终都由建发竞得。[①]

　　湖滨社区更新范围 30.45km²，现状住宅 4878 套（户），建筑面积 32.43 万 m²，非住宅建筑面积 3.0 万 m²，学校建筑面积 4.6 万 m²。根据思明区政府公布的征求意见改造方案数据（图 6-25），更新后总建筑面积 83.39 万 m²，其中住宅建筑面积 65 万 m²，规划非住宅建筑面积 9.39 万 m²，规划学校 9.0 万 m²，地下停车位 9666 个。根据方案更新改造后，整个片区规划容积率从 1.3 提高到 2.74。

图 6-25　湖滨社区改造范围及公示方案
（图片来源：湖滨片区改造提升项目方案正式公布！– 厦门市思明区人民政府 ）

6.4.2　成片改造模式财务分析 [②]

1. 容积率市场价值

　　湖滨片区规划改造后安置房建筑面积 47.8 万 m²，商品房住宅用地建筑面积 17.2 万 m²，商业办公建筑面积 5.78 万 m²。以湖滨社区周边二手房市场均价 8.5 万 /m² [③] 计算住宅用地的住房市场价值，以厦门市 2022 年上半年商

① 2022 年 3 月，建发以总价 32.7 亿元，楼面价 45 203 元 /m² 拿下湖滨一里 2022P03 地块（"限房价、限地价、定配建、定品质 + 摇号"方式拍卖出让）；2022 年 5 月，建发以总价 41.3 亿元，楼面价 40 657 元 /m² 拿下湖滨四里 2022P12 地块（"限房价、限地价、定品质 + 摇号"方式拍卖出让）。
② 财务分析参考来源：刘金程，赵燕菁. 旧城更新：成片改造还是自主更新？——以厦门湖滨片区改造为例 [J]. 城市发展研究，2021，28（3）：1–6. 以及访谈建发和有关部门提供的相关材料。
③ 安居客 APP，2022 年 9 月。

办用地楼面价均价 6830 元 /m² [①] 计算商办用地的房屋市场价值。扣除建安成本约 73.1 亿元，[②] 湖滨片区经营性房屋的市场融资价值约为：（47.8 万 m²+ 17.2 万 m²）×8.5 万元 /m² + 5.78 万 m² ×6830 元 /m² – 73.1 亿元≈ 483.35 亿元。

2. 收入

1）土地出让金相关收入

这部分包括商品房和商业的土地出让金收入和原住民安置房购房款（相当于补交地价，统一计算为土地出让金收入）。2022 年建发以楼面价 45 203 元 /m² 竞得湖滨一里 2022P03 地块共 32.7 亿元，以楼面价 40 657 元 /m² 竞得湖滨四里 2022P12 地块共 41.3 亿元。由于湖滨社区有两块商品房地块，政府可售的商品房建筑面积通过卖地的土地出让金收入为 32.7 亿元 +41.3 亿元 =74 亿元。商业总建筑面积为 57 800m²，办公总面积为 300m²，商办共计约为 7.2 亿元。[③] 湖滨片区征拆补偿中有货币安置和房屋产权调换（置换安置房），[④] 所有的个人业主都选择了房屋产权调换，按照每户平均调档扩大 6m²，4.8 万元 /m² 回购价计算，原住民安置房购房款为 4878 户 ×6m²/户 ×4.8 万元 /m² ≈ 14 亿元。政府通过引入开发商承接前期拆迁工作进行土地收储和垫资，根据 2020 年 8 月出台的《厦门市湖滨片区改造提升项目国有土地上房屋搬迁补偿安置方案》中的相关规定进行计算，前期成片改造征收费用为 52 亿元，[⑤] 这部分费用在政府土地出让之后由政府覆盖。因此政府方和土地出让收入相关的最终收入为 74 亿元 +7.2 亿元 +14 亿元 –52 亿元 =43.2 亿元。

2）其他收入[⑥]

安置房车位销售收入：这部分包括规划 4500 个安置房车位销售，以 30 万元 / 个的销售金额定价，共计 13.5 亿元。

---

① CREIS 中指大数据来自房天下网站。

② 数据来源于内部测算文件，建安成本包括住宅建安（安置住宅建安 + 商品住宅建安，以 6000 元 /m² 计算）为 39 亿元，其余安置非住宅、社区配套、学校幼儿园、临时过渡学校建设、地上市政道路为 11.2 亿元，地下停车、地下公共通道等 20 亿元，其余费用为 2.9 亿元，建安成本共计 73.1 亿元。

③ 数据来源：前期测算资料。

④ 被搬迁人选择房屋产权调换的，可按被搬迁房屋权证载明的建筑面积对应的安置房户型建筑面积上调一档安置房户型建筑面积进行产权调换，上调一档增加的安置房面积按照安置房市场评估价购买，政府给出远低于市场价的价格回购，平均 4.8 万元 / m²。

⑤ 包括货币补偿（住宅补偿 + 非住宅补偿 + 房屋拆除、入户调查等二类费用）共计 34 亿元，不可预见费（促迁奖励费及不可预见费）为 18 亿元。

⑥ 房地产开发建设过程中的相关税收如土地增值税等不计入政府收入，包含在开发商和原居民的利润（426.65 亿元）中，未扣除。

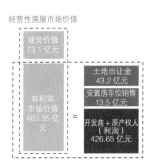

图 6-26　湖滨社区成片改造的财务分析——"容积率幻觉"（图片来源：作者自绘）

3. 费用

对于政府来说，容积率的市场价值扣除实际获得的收入之后就是政府在湖滨社区成片改造付出的费用，共计 483.35 亿元 -43.2 亿元 -13.5 亿元 = 426.65 亿元，这部分最终转化成了开发商和原产权人的利润[①]（图 6-26）。

6.4.3　综合效益分析

1. 政府方：容积率价值"出钱人"

按照现在的认知中，在湖滨社区成片改造里，政府认为自己除去成本之后还收益了土地出让金、安置房扩面回购金、车位收入等实际交易额，居民拆迁后收益了升值的安置房（原来房子的置换），开发商拍地建房也有利润收入。参与改造的三方有收益，那么收益的钱到底是哪里来的？假如只要成片改造拆迁，参与三方都有收益，那经济财富的拉动岂不是就一直依靠成片改造拆迁就可以了，但事实是为什么项目还要财务平衡？大拆大建的模式不可持续？——在这种大拆大建的模式中，政府其实承担着"出钱人"的角色，支出的是容积率的市场价值。

在传统的项目财务计算中，"平衡"等同于对容积率的"数字"调整，似乎只要容积率够高，就没有不能平衡的项目。但正如本书前文分析，容积率并不只是一个"技术指标"，对于政府容积率的收益并不是收入，而是政府的融资，是政府"借"的钱。政府融资时扩大了资产的负债规模，并不能带来利润的增长，所以容积率的性质决定了其不能计入政府的收入端，应该作为政府的支出端。政府通过增容卖地所得相当于股权融资，不能自由随意增加用于项目财务平衡。在湖滨社区这个案例中，容积率的市场价值大约为 483.35 亿元，这就是政府为这个项目融来的资（"借的钱"）。虽然政府通过拍地、安置房回购、车位出售等方式回收了一部分容积率的价值，但仍杯水车薪。

且湖滨片区首块地块[②]在 2021 年 12 月厦门市第三次土拍中，被市场看好"厦门新地王"的该地块无人应价意外流拍。为平衡项目资金，[③]市局进行湖滨片区控规修改，涉及片区 24 幅地块，部分地块容积率、建筑面积、建筑密

[①] 这里的利润指的是开发商和原产权人在容积率中攫取的利润，包括他们的成本。
[②] 湖滨一里 2022P03 地块。
[③] 土拍条件"限房价、限地价、定配建、定品质 + 摇号"限制，加之受原来填海工程的地质条件影响，湖滨一二里北侧场地内地下条件复杂，给支护桩建设带来一定的难度，建设时间进一步加长，项目建设周期进一步拉长，项目延期的周转成本逐步上升。

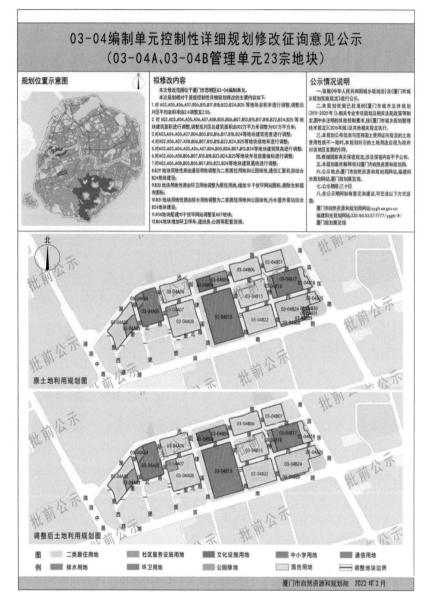

图 6-27　湖滨社区政府调规公示内容
（图片来源：厦门市自然资源和规划局 批前公示）

度、绿地率、建筑限高等进行调整（图 6-27），调整后片区平均容积率由 2.4
调整为 2.55，片区总建筑面积由 102 万 m² 调整为 107 万 m²，2022 年 3 月
厦门首场土拍该地块才最终拍出。

　　从流拍到再拍，容积率的增加是关键。平衡不了，那就增加容积率——恰
恰证明了政府没有意识到容积率就是"钱"，政府就是容积率价值的"出钱人"。
且依靠增容卖地平衡的模式已经不可持续，如果房地产市场继续低迷甚至更下
行，每一个无法平衡流拍的项目政府都增加容积率，最后的结果就如同资本市

场的"股票超发"，由于城市公共服务的供给是有限的，这意味着所有购买这个城市房子的业主的权益都将被稀释。[①]

2. 开发商和原产权人：容积率价值"分钱人"

根据上文财务分析，容积率的市场价值扣除政府回收的部分最终转化成了开发商和原产权人的利润，占比超过 80%。即使开发商和原产权人在这个过程中也产生相应费用，但其二者本质还是政府付出的容积率价值的"分钱人"。

不仅政府没有意识到容积率的融资价值，政府付出的容积率在开发商和原产人看来也是"不值一提"的。对于开发商来说，土地流拍就是最好的印证，他们认为这个项目不能平衡需要增容，最后政府只能增容拍卖土地，且湖滨社区的前期服务商也表明，[②] 湖滨片区的前期工作投入成本高昂，工作模式难以在其他区域再次复制。对于原产权人，根据厦门大学 2020 年 11 月一份湖滨社区 200 业主的抽样调查显示，[③] 部分居民不满意补偿标准低于之前附近地铁征拆社区，原住民们怀疑政府以拆迁为由通过增容谋利。[④] 但事实是，政府什么"利"也没谋得，付出了 400 多亿元的容积率价值。

3. 产权重置的巨大成本

其实本书提到的自主改造案例湖滨一里 60 号楼（详见第 6.9 节）正是本案例湖滨社区其中的一栋楼，正是由于成片改造的实施，60 号楼居民自主更新的探索终止。成片改造和自主改造两种更新模式最根本的差异在于产权是否重置，一旦涉及产权重置，成片改造在补偿、周转以及协调等成本都远高于自主改造。

1）补偿成本

湖滨社区成片改造货币补偿 33.6 亿元，[⑤] 按照 60 号楼的更新原则和标准，

---

① 理论上融资的收入会变成城市的资产（公共服务），容积率的本质是对应城市的资产。但是在这个模式下，股权（业主）增加，但是政府资产没有变。那么原来股东的所有者权益就减少了，财富被稀释了，利益受损。
② 相关访谈了解。
③ 刘金程，赵燕菁. 旧城更新：成片改造还是自主更新？——以厦门湖滨片区改造为例 [J]. 城市发展研究，2021，28（3）：1-6.
④ 在征拆过程中采取"先签约，先选房"的原则确定选房时段，并且根据签约批次按每户奖励2万～10万元不等的交房奖励，首轮和第二轮签约分别享受市场估价 70% 和 80% 购买停车位，阻力较大的居民动员国有企事业单位家属劝说等做法。虽然在 4 个月内实现 99% 以上的预签约率。在签约居民中，被动和不情愿的居民占了很大比重，真正支持拆迁的只有 60% 左右。
⑤ 数据来源访谈及内部相关测算材料，包括住宅补偿金额 25.9 亿元，非住宅补偿金额 5.2 亿元，房屋拆除、入户调查等二类费用 2.5 亿元。

自主改造没有涉及产权回收，政府无需提供相应货币补偿。

2）周转成本

时间上，成片改造中政府给湖滨社区居民的安置周转费为 4 年，[①] 意味着整体改造回迁完成至少需要 4 年；自主改造中可以逐栋改造，每一栋楼的建安周期就是项目回迁周转期，整体改造回迁可以控制在 1 年之内。[②] 费用上，成片改造每年按照 65 元 /（$m^2 \cdot$ 月）计算，4878 套需要 12.65 亿元；[③] 自主改造依据 60 号楼情况（包括喀什等案例，详见第 6.5 节），不需要政府额外支出周转费用，原产权人可以自行解决。

3）协调成本

成片改造由政府接手协调成本，由于需要片区所有业主同意，协调难度剧增，导致项目时间延长成本增加，同时政府还需要支付给前期服务单位用于协调征拆的工作经费，约 2 001.5 万元。[④] 自主改造由业主方自行协调，内化成本。以栋为单位，业主数量远远少于成片改造，阻力更小，且 60 号楼成立注册公司统一协调的方式表明中介组织在自主改造中的可行性和效率性，可以大大降低协调成本。

上述所有成本，最终都会转变成政府的"容积率"价值支出。湖滨社区成片改造政府支出的容积率价值 483.35 亿元，由于成片改造新增居住配套，政府后续还要支付相应公共服务运营支出。自主改造中允许业主增加不超过套内面积的 10%，按照湖滨社区居住面积计算，这部分新增容积率价值为 25.62 亿元，[⑤] 且由于户数不增加，政府无需新增公共服务。

6.4.4　结语

湖滨社区成片改造案例是典型的"容积率幻觉"，大拆大建的路之所以走

---

① 超过 4 年后，周转费由开发商负担。这意味着整个项目以搬迁为起点，至少回迁部分要在 4 年之内完成整个项目，并交接钥匙。超过这一约定时间节点，开发商的成本会急剧增加，所获得的利益空间会进一步压缩。在这种紧张的项目周期中，需要整个片区的居民搬迁安置的步调和项目开发一致。湖滨片区后期流拍的原因之一正是项目周期一旦被拉长，成本急剧上升，无法进行项目平衡。
② 多层建筑，在设计审批完成的情况下，按照现在建筑建设的标准水平，建设周期可以控制在 10 个月之内，整体回迁周期可以控制在 1 年之内。
③ 数据来源于访谈及内部相关测算材料。
④ 按照 50 元 /m^2 的工作经费由政府支付给服务单位，按照现状 40.03 万 m^2 建筑面积计算。
⑤ 湖滨社区住宅建筑面积 32.43 万 m^2，自主改造中新增 10% 套内面积，共增加约 3.243 万 m^2，以湖滨社区周边二手房市场均价 8.5 万元 /m^2 计算新增住房面积的市场价值 27.57 亿元，按照 6000 元 /m^2 扣除建安成本 1.95 亿元，自主改造新增的容积率市场价值为 25.62 亿元。

不通，一开始就是因为"幻觉"造成——容积率的市场价值，本就是政府的支出。只有明白容积率的融资本质，才能跳出容积率平衡的"万能幻觉"，真正实现老旧小区从"拆—改—留"向"留—改—拆"，大拆大建向自主更新道路的转变。

6.5　喀什老城更新——"去房地产+"的自主更新模式

赵鸿钧　沈　洁

导读

　　喀什老城为Ⅲ类用地老城居住区的更新类型，是一个"去房地产+"的就地自主改造项目，产权人和政府合作自主更新，原拆原建不涉及产权重置征地拆迁。改善老城区居民生活条件的同时保护和更新老城，完成了住房和城乡建设部提出的不大拆大建、"拆改留"向"留改拆"转变的要求。

6.5.1　案例背景

　　喀什老城地处少数民族聚集区，是历史文化名城，以生土建筑而闻名。由于地处南天山地震带，周边及附近地带地震活动频繁，加之老城内建筑以土木、砖木结构为主，质量较差，危房旧房安全隐患十分严重（图6-28）。2008

案例信息

类型：Ⅲ类用地老城居住区更新
时间：2008—2015年（2008年启动，2010年开工）
对象：政府（中央政府、地方政府）、产权人（老城区居民）
特点：政府和产权人合作的自主更新、原拆原建不涉及增容

图6-28　改造前后对比
（图片来源：作者拍摄于喀什市老城区保护综合治理展览馆）

年5月汶川地震后引起中央高度重视，中央领导批文关注喀什老城更新状况，2008年6月1日，喀什市政府开展动员大会，成立喀什城市更新指挥所进行测绘调研等前期准备工作，2010年正式启动喀什老城的更新改造。

喀什老城改造分成核心区（现喀什古城）和古城外围27片区，共8.35km²，其中涉及49 083户、507.21万 m²的危旧房改造，以及片区内配套基础设施建设、周转房安置房建设和35.95km地道的处理。和传统大拆大建的更新模式不同，喀什老城探索了一条不增容，不依赖房地产的就地自主更新模式。

6.5.2 资金来源和模式

1. 各主体出资情况和改造模式

项目总投资约75亿元，主要包括危旧房改造、公共基础设施、三通一平、设计及服务以及地道处理（表6-7）。主要出资主体为政府（中央和地方）、居民（图6-29），各主体资金构成不同（表6-8）。

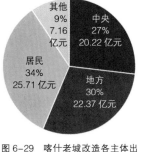

图6-29 喀什老城改造各主体出资比例
（图片来源：作者根据喀什市老城区危旧房改造综合治理指挥部提供材料整理自绘）

表6-7 喀什老城改造总投资类别和资金主体

类别/片区	核心区（古城）	其余27片区
占地面积	1.01km²	7.34km²
建筑面积	1 277 239m²	4 641 974m²
危旧房改造投资总额	15.34亿元 （中央9.52亿元 + 地方0.63亿元 + 居民2.94亿元 + 其他2.25亿元）	48.10亿元 （中央8.7亿元 + 地方11.89亿元 + 居民22.77亿元 + 其他4.74亿元）
公共基础设施	7.45亿元（中央6.93亿元 + 地方0.37亿元 + 其他0.15亿元）	
三通一平	0.036亿元（地方）	
设计及服务	3.83亿元（地方）	
地道处理	0.71亿元（中央）	
投资总额	75.47亿元	

（表格来源：作者根据喀什市老城区危旧房改造综合治理指挥部提供材料整理自绘）

表6-8 各出资主体资金构成

出资主体	资金来源
中央	国家补助、廉租房补助
地方	自治区补助、喀什市自筹、棚改补助、富民安居补助
居民	居民自筹
其他主体	房地产开发自筹资金、社会捐赠等

注：原本房地产开发自筹资金也是主要出资主体，但由于在项目实施阶段房地产开发改造出现实际困难，加上房地产企业自身困难，这部分资金实际到位占比很小，由原方案计划8.8亿元减少至3亿元。因此，将房地产开发自筹资金和其他社会渠道如捐赠等合并为其他出资主体。
（表格来源：作者根据喀什市老城区危旧房改造综合治理指挥部提供材料整理自绘）

喀什老城改造提供了包括自拆统建结构主体、统拆统建多层楼房、自拆自建、拆除外迁等多种改造模式供居民自主选择，核心区古城民居多采用政府和居民分工合作的自拆统建结构主体模式（表 6-9），单位造价约为 1201 元 /m²，其余 27 片区则多为自拆自建，单位造价约为 1036 元 /m²。相比于一般的更新拆除重建项目，例如本书中的深圳大冲城中村（详见第 6.2 节）拆除重建改造，喀什老城改造节省了一大笔产权重置的前期征迁补偿的费用，老城改造单位面积总造价在 9.04 亿元 /km²（表 6-10）。对于喀什政府来说，对老城公共服务基础设施建设改造与升级是原本必须支出的费用，现在和居民合作自主更新，在建设基础设施的同时把住宅也更新改造了。

表 6-9　自拆统建结构主体模式分工

主体	改造分工
居民	第 1 步：自行拆除原有危旧房（保留可利用的建筑构件） 第 3 步：自主完成屋顶、楼梯、檐廊、门窗及室内外装修等
政府	第 2 步：在原址根据设计方案新建房屋主体结构及配套市政基础设施

（表格来源：作者根据喀什市老城区危旧房改造综合治理指挥部提供材料整理自绘）

表 6-10　喀什老城单位投资和造价表

类别 / 片区	核心区（古城）	其余 27 片区
单位建筑造价	1201 元 /m²	1036 元 /m²
单位设计费	35 元 /m²	
单位面积总投资	9.04 亿元 /km²	

注：单位设计费仅包含设计费用，原本应由居民承担，后续由喀什政府补贴。前期总体单位设计服务费为 65 元 /m²，包含由政府承担的前期测绘服务费（场地测绘、房屋测绘）、七通一平费用与设计费。
（表格来源：作者根据喀什市老城区危旧房改造综合治理指挥部提供材料整理自绘）

2. 不同模式下资本投入阶段对比

历史型城区由于保护和限高建设等条件使其难以进行就地"拆建增容"平衡更新项目，往往须借助外部实现财务的平衡。目前常用的一类模式为原地块不增容的"异地增容平衡"（例如成都宽窄巷子），原地块没增容，更新保持历史街区风貌，用外部的新增用地拆迁安置和增容平衡，这本质其实也是增容，是异地新增供地的"房地产 +"。喀什也借助了外部力量，但其"去房地产 +"模式与"异地平衡"模式有一个最大的差异（图 6-30、图 6-31）：异地平衡是 3 块地组合，喀什改造是 1 块地叠加。

异地平衡将原来地块的居民腾挪至新区安置（1 块地），同时将新区地块增容的部分（1 块地）出售融资获得资金用于老城更新项目平衡，老城不增容

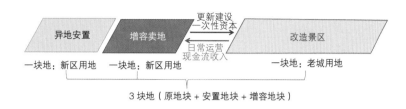

图 6-30 "异地平衡"财务平衡：3 块地组合
（图片来源：作者自绘）

图 6-31 喀什老城财务平衡：1 块地叠加
（图片来源：作者自绘）

变成景区（1 块地）获得现金流，实现建设和运营的两平衡。而喀什老城则是居民原地安置，原拆原建，更新之后在住区的功能上同时叠加了景区功能（1 块地），但需要指出的是，喀什老城不需要新增用地（或是原地增容），是因为政府的直接补助相当于出了这笔钱。

6.5.3 难点与突破

1. 试点片区先行先试，变"要我改"成"我要改"

喀什早期政府公信力不足，刚开始推进时，居民对老城区更新改造不理解，参与意愿不强。于是，老城更新指挥部决定采取"试点片区"先行先试，划定两个片区进行试点改造工作，首期大约 200 户。经过与居民反复商议自拆自建、统拆统建等改造方式，根据居民意愿和两个试点实际情况，一片区实施"自拆统建结构主体"的改造方式；另一片区实施"统拆统建楼房"的改造方式。

试点片区不到一年便完成整体改造，成果取得了极好的反响，其他片区的居民直观地感受改造完的效果以及对政府信任的提升，从起初的"要我改"变成了"我要改"，为后续其他片区改造推进奠定了基础。同时，借由试点片区探索出了喀什老城的多种改造模式。试点片区的成功，尤其是开创"自拆统建结构主体"和"一户一设计"相结合改造模式，除了部分保留加固局部修缮的建筑，其余大部分居民采取自拆统建结构主体的改造模式进行原地拆除重建，这也为喀什老城原有风貌和肌理保留奠定了关键一步。

2."一户一设计"，保留建筑特色和老城肌理

在和居民的磋商过程中，由于居民对过去"有天有地"居住环境的依赖和习惯，喀什改造创造性地提出"一户一设计（一户一蓝图）"的规划设计手法，反复和居民协商设计方案，征求居民意见，满足居民对建筑的要求和期待。大部分居民对建筑图纸没有概念，喀什市特地从乌鲁木齐和全疆各地抽调擅长素描和钢笔画的画师，为居民进行效果图绘制和直观展示（图6-32）。

根据前文分析，喀什老城改造的设计费用在 35 元 /m²，一栋 200m² 的独栋住房设计费用在 7000 元左右，这部分费用由政府负担，但对居民来说这个费用其实也不算高昂。在自建房自我改造的过程中，原住民的审美和建设方式、成本限制常常难以创造或维持有特色的建筑（例如大部分千篇一律的农村自建房），市场上的建筑设计师和设计院由于项目规模小，对于这种自建房设计项目收取费用单价高，居民难以负担。如果政府能够统筹由一个设计团队负责，单价降低但是数量增加，保证项目总金额，这样能够保证设计团队介入设计，会对城市风貌起到更好的引导作用。

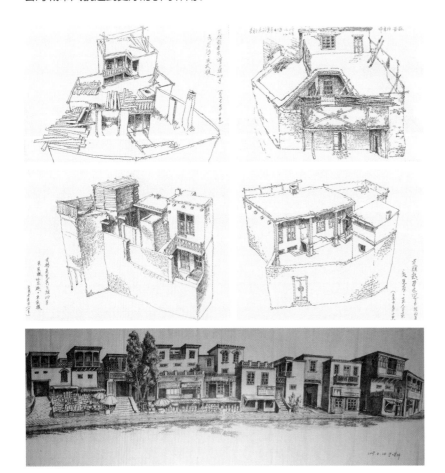

图 6-32　改造过程中手绘效果图
（图片来源：作者拍摄于喀什市老城区保护综合治理展览馆）

3. 产权格式化，采用住户认定，在复杂关系中创造秩序

老城民居"房连房、墙靠墙、院接院"，地籍、产籍关系极其复杂，[①] 给改造过程中邻里之间的利益分割和涉及公共利益的局部用地调整带来极大困难，更新改造第一步的"确权"举步维艰。

为了解决更新改造的"确权"问题，喀什老城结合"一户一设计"，采用"住户认定"，即不考虑原户主，以最终居住人为房产人；此外，对住户房屋进行细致调查、测绘、拍照或是绘制，请住户及邻里相互确认地籍、产籍和房屋原貌后在图纸上进行手印画押确定（图 6-33）并签署危旧房改造协议书，保证每一户的产权边界不受争议且具备法律依据的契约可进行证明。

图 6-33　居民画押认定的确权图
（图片来源：作者拍摄于喀什市老城区保护综合治理展览馆）

产权问题是更新改造中的关键一步，尤其是老城更新中产权更是因为建筑年久，产权人失联、自行买卖交易、继承分割等问题变得更加错综复杂，经常由于产权问题导致建筑最终难以更新改造而倒塌损毁（例如厦门鼓浪屿的华侨建筑），确权问题成为能否推进更新改造的第一步。正如本书前文提到，任何更新模式只要涉及产权重置，成本就会急剧上升。如果回迁，就必须增容，如果异地置换，就需要新供土地。历史街区无法增容，只能异地置换，否则新增成本回收需要增

---

① 老城内大量的家庭成员共享多套住宅，没有进行产权细分；大部分居民没有土地证也没有产权证，并且存在大量的自主交易情况，而住户往往并不具备契约意识，没有保留交易证书。

容平衡，增容意味着需要大拆大建，那么历史街区就无法保全。面对极其复杂的产权关系，喀什政府利用住户认定的方式，相当于将过去的产权"格式化"，以现有住户为主重新认定，与四周边界产权人互相确认形成契约关系，在混乱复杂的产权关系中创造了秩序。不仅解决了确权可能带来的巨大资金和时间成本问题，还通过原有产权边界的认定在后续改造中最大化保留和还原了老城的肌理。

4. 政府打通审批流程，重建技术规范

"一户一蓝图"的设计中政府的负责部分仅达到圈梁部分，上不封顶，根据我国建筑技术规范，若直接送审则无法通过审批。喀什市就此展开了技术论证，通过规划部门出具设计导则，以便审核通过。除此之外，喀什在建设中采取外涂防火涂层，不仅解决原有建筑过于密集产生的防火风险，同时使得建筑外部整体色调协调，老城风貌统一。考虑到老城区内道路密集复杂，消防通道狭窄，消防车无法进入，老城内采用 100m 一个消火栓结合小型消防车（图 6-34）的协同工作方式，解决了老城区内消防隐患问题。现实中审批和技术规范是慢慢完善的过程，城市也同步建设，早期城市建设大多难以满足现今的审批条件和技术规范，这在城市更新中是一个常常自相矛盾并且难以解决的问题。面对城市更新，应该根据新的实际情况逐步调整建立新的规范，而不是用规范来困滞实际情况。

图 6-34　老城内小型消防车
（图片来源：作者拍摄于喀什市老城区保护综合治理展览馆）

5. 提供住宅功能转换许可，事后收费用途管制

老城民居改造建成后，由于民生业态本地化及居民们一直以来的生活习惯，大量居民有商业需求，为了满足这一需求，则需要将民用住宅建筑转为商住两用建筑。喀什市政府采用居委会报备形式，允许参与更新的住宅，通过向居委会申请报备，将现有自住住宅改为商业或商住混合类型住宅，以满足其经营需要。目前大多居民房屋一、二层为商业功能，二至四层为自住功能，从而进一步提高百姓生活水平，拉动消费和工作岗位。这一做法反过来也提高了那些原先未参与改造的居民的意愿，对于居民是一个"诱饵"，改造完不仅得到新房屋，功能变更也得到合法的许可，方便其后续进行相关商业活动经营。

改造后喀什古城引入文旅集团进行几个街道的运营，其物业费则是按照用

途收取，不同功能按照面积收取不同的物业费用，这时候居民就会调整自己的建筑功能和面积以平衡自己的利益。面对城市更新具有巨量弹性的空间，这种通过"事后收费"进行用途管制，相比于城市建设时期的行政管控市场的管制办法，市场自行决定和调整是一种更有效率的管理方式。

6.5.4　实际效果

1. 自主改造时间短，自主周转效率高

在喀什老城改造自拆统建结构主体模式中，政府建设房屋主体交付周期约为 4 个月，居民自建其余部分时间约 3 个月，加上前期居民自行拆除，后期内部装修等时间，大部分民居改造时间在 1 年内便可以完成。相比于本书的厦门湖滨社区成片改造（详见第 6.4 节），其前期拆迁的时间就已超过 2 年。且在项目正式开工前，政府计划利用周边存量土地和闲置用地（包括废弃砖瓦窑厂、种蜂场、毛纺厂、原水泥厂等）建设周转房。但截至 2020 年，由于资金未到位，没有进行周转房建设。老城居民部分有多套住房，或是亲戚朋友也居住老城，在实际改造中，大部分老城居民对于周转房需求不大，基本能自行解决，如有特别困难的由社区安排其他片区的安置房进行周转。

相比于一般城市老城区大拆大建模式，拆迁收储土地这一项的时间成本往往就为 2 ~ 3 年，加上后期建设回迁，整个更新项目周期为 5 年左右。喀什以原拆原建、自主改造为主的更新模式，极大缩短了老城改造时间，而且居民自行解决周转，与生活模式结合匹配灵活选择，有效提高效率，降低成本。

2. 住区 + 景区功能叠加，住户和政府收益共赢

2015 年 7 月，喀什老城景区正式被授予国家 5A 级景区的称号，实现了当时"老城改造完成之时就是国家 5A 级景区创建成功之日"的目标。改造后的老城，既不影响居民在老城里生活工作，还叠加了景区的功能和收益。据 2013 年统计，改造后老城区核心区商铺多达 3290 户，是改造前的 4 倍多，实现直接就业超过 9000 人，间接就业近 50 000 人，老城区外围片区商铺由 1284 户增至 4316 户，实现就业 26 964 人。商铺年均收入由 2.4 万元增至 5.6 万元，人均年收入由 0.6 万元增至 1.4 万元，改造后日渐繁荣的老城为很多人就业、脱贫提供了新的载体空间。[①] 2019 年全年喀什接待游客 1 517.25 万人

---

① 数据来源：喀什老城更新指挥部。

次，其中喀什古城景区接待游客 970.87 万人次；2022 年上半年，喀什古城景区接待游客量 345.6 万人次，实现旅游收入 14.37 亿元。[①]

随着喀什老城的改造完成，带来的不仅是居民的新住区，还给喀什创造了一个 5A 级的景区，这在其他改造中是较少见的。传统的老旧住区改造后仍是一个住区，投入一笔钱之后，仍是建设了需要不断支出公共服务运营费用的住区，是一个不断"花钱"的"负支出"。而喀什相当于用一笔钱，完成了两件事情，住区支出公共服务运营费用，但景区带来了额外收益，其改造后的利润表优于一般老城居住区城市更新项目，源源不断地产生正现金流。有一个"赚钱"的"正收入"，一正一负，自我平衡（图 6-35）。

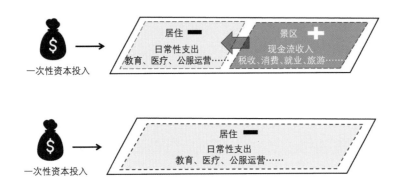

图 6-35　不同城市更新模式收益对比
（图片来源：作者自绘）

3. 居民满意零上访，政府公信力提升，社会维稳效果显著

根据与原喀什老城更新指挥部的相关负责人座谈，本次老城改造更新对喀什社会起到了显著的社会治安作用。原先居民居住环境差，生活不顺利，容易出现治安问题。老城的改造中居民和政府合作，改造后居民满意度提升，没有出现任何一起和老城改造相关的上访案件。老城改造用实际行动和效果证明了政府的公信力，提高了政府在当地的威望，彻底稳定了居民和政府间的关系。

6.5.5　结语

喀什老城改造中政府和产权人合作自主更新，原拆原建不涉及增容的"去

---

① 数据来源：韩沁言. 喀什古城旅游又"热"起来了 [OL/N]. 天山网—新疆日报，2022-07-05.

房地产 +"模式以及在改造过程中产权、制度层面的探索,不仅仅适用于居住型历史街区,对其他城市更新类型同样具有推广性和参考价值。尤其如今面对城市化转型,高速度增长所带来的人口、基建等红利已经进入尾声,城市对土地需求放缓,以前看上去"无所不能"的土地融资不再可持续,以"房地产 +"为核心的大拆大建更新模式亟待改变。喀什老城改造正是提供了一条从"大拆大建"转变为"'留改拆'并举、以保留利用提升为主"的新出路,政府从大包大揽转向合作推动、产权人从坐等拆迁到自主改造的新角色,一旦自主更新模式得到应用和推广,必然开启城市更新的新篇章。

　　致谢:特别感谢喀什市危旧房改造综合治理指挥部办公室杨国政主任对本文的帮助。

6.6   南京小西湖更新——复杂产权关系下的自主更新探索

沈 洁

导读

南京小西湖为Ⅲ类用地老城居住区的更新类型，其属于历史型街区，因为开发建设条件的限制，难以采用大拆大建就地增容的方式进行更新改造。最终由政府主导，产权人合作进行了以产权为核心，危房改造为目的的更新。小西湖更新模式里隐藏了自主更新的思路雏形，但其中仍以政府为主导，资金来源于南京新城片区土地出让金的反哺，相当于"房地产＋"异地平衡的另一种表现形式。

6.6.1   案例背景

小西湖位于南京老城南历史城区秦淮区，规划用地面积约 4.69km²，面积虽小，但是历史资源丰富，形成于明、清，周边有老门东历史文化街区、夫子庙历史文化街区等重点历史街区，也是南京打造国际消费中心的核心圈层（图6-36）。

历史的荣光、文化的积淀以及未来城市的定位，意味着小西湖历史街区保护和更新必定困难重重：①片区空心化，小西湖片区整体人口外流和老龄化现

案例信息

类型：Ⅲ类用地老城居住区更新
时间：2015 年至今
对象：政府、产权人
特点：政府主导、产权人合作式自主更新，新城反哺老城

图 6-36   小西湖区位及更新范围
（图片来源：南京市规划和自然资源局）

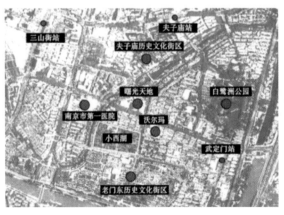

象较为突出，区域建设趋缓、产业升级停滞、人居环境亟待改善；②改造压力大，片区棚户区、危旧房、文物建筑混合交织，各方利益诉求不一，建筑保护和居民生活协调难度大；③刚性限制多，片区城市空间逼仄、更新界面狭窄，文物保护、消防条例、建筑条例、安全条例等各种刚性的开发要求，这些都如同枷锁一般让小西湖更新增添难度。

6.6.2　以产权关系为核心的更新改造

1. 公房私房更新模式设计

小西湖整体是国有土地，因此以国有产权划分公房和私房（表 6-11）。

表 6-11　小西湖地块类型及产权数量一览表

地块类型		数量	产权数
公房地块	公房地块	80	456
	单位地块	15	—
私房地块		114	266
无主地块 （违章搭建，未被承认产权归属的地块）		21	85

（表格来源：作者自绘）

其中公房分为两种，政府公房和企业公房（图 6-37）。政府公房：政府作为产权人，具有合理合法的保护与更新权利，如果公房中已经有租用者，那么先给予租用者进行过渡，改造完再回来，或是直接将租用者转移至外部其他公房后，进行更新与改造。企业公房：企业担负主体责任进行保护与更新，如果企业不具备保护更新能力，那么可以将产权转移至政府（政府进行产权购买），之后政府成为公房责任主体来进行保护与更新。

图 6-37　小西湖公房改造模式图
（图片来源：作者自绘）

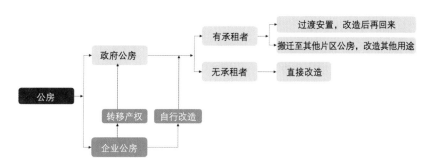

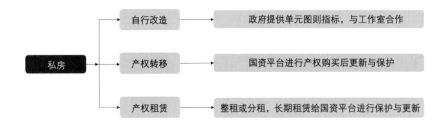

图6-38　小西湖私房改造模式图
（图片来源：作者自绘）

　　针对私房，以尊重产权人意愿为核心，不强征、强拆、强更新（图6-38）。如果产权人愿意更新修缮，有三种选择：一种是产权人选择自行修缮改造，政府提供相关单元图则和指标，产权人可与社区规划师工作室合作，相关人员组织平台开会探讨改造方案，最后实施；第二种是产权人可以选择将产权转移给国资平台（国资平台进行产权购买），由国资平台（政府）来进行保护与更新；第三种是产权人可以将产权租给国资平台，可以选择全租或分租，长期租赁后（不少于5年），由国资平台（政府）来进行保护与更新。

　　针对无主地块，则是政府依法收回，根据需求进行拆迁移除或是更新改造。

2. 激励自主更新的机制设计

　　实际更新中，对于公房的更新改造是相对容易的，产权人是政府或是企业，参与更新改造的意愿都比较高。而私房产权人自主更新的意愿不高，因此为了激励小西湖片区私房产权人参与更新，政府采取适当增容、资金补助、优先优化公共服务片区等三种方式，提高产权人更新意愿。

　　1）"增容不增户"

　　允许私房改造更新房屋优化户型，完善厨房、卫生间等必备设施功能，导致面积增加的，不得超过规划条件确定的建筑面积上限（含地下建筑面积），且应遵循以下原则：原产权建筑面积在45m² 以内的，可较原产权建筑面积增加15% ~ 20%；原产权建筑面积在45 ~ 60m² 的，可较原产权建筑面积增加15% ~ 20%；原产权建筑面积60m² 以上的，可较原产权建筑面积增加10% 以内。但是增加的建筑面积须按竣工时点同地段、同性质房屋评估价的90% 补缴土地出让金，之后再办理不动产登记，涉及房屋性质改变的需全额补缴土地出让金差价。

2）出资比例与补助

私房的翻建费用一般由产权人自行承担（表6-12），其中：经具备资质机构专业鉴定，属于C、D级危房的，建筑面积增加5%以内（含）的部分，翻建费用由市、区财政予以补助，C级危房翻建费用按照市、区财政和产权人2：2：6比例分摊；D级危房翻建费用按照市、区财政和产权人3：3：4比例分摊。

表 6-12　房屋类型不同主体出资比例

房屋类型	政府出资比例	产权人出资比例	备注
私房	0	100%	增加的建筑面积须按竣工时点同地段同性质房屋评估价的90%补缴土地出让金后，办理不动产登记，涉及房屋性质改变的需全额补缴土地出让金差价
C 类危房	40%	60%	1. 建筑面积增加5%以内（含）的部分，由市、区财政予以补助； 2. 增加的建筑面积须按竣工时点同地段、同性质房屋评估价的90%补缴土地出让金之后再办理不动产登记，涉及房屋性质改变且需补缴土地出让金差价的，需全额补缴
D 类危房	60%	40%	

（表格来源：作者自绘）

小西湖片区马道街 39 号重建费用案例

马道街39号是小西湖片区第一例私房参与自主改造，建设单位、南京历史城区保护建设集团邀请专业团队对房屋进行鉴定，马道街39号为D级危房。房屋近200m²，重建费测算为60万元，产权人只需承担其中40%，约24万元，市、区财政承担约36万元，以及相关团队及方案设计等。

3）优化公共服务创造激励

最典型的是原来小西湖片区基础设施陈旧落后导致居民生活极为不便，小西湖通过市政微型管廊建设，促使了雨污分流，还有电力增容，供水、消防、燃气等入院落单元——前提是参与更新改造的居民，就可以优先免费接入微型管廊。居民接入微型管廊后，可以解决院落积淹水问题，消防以及燃气便利问题，增加电力容量，极大提升生活质量。这一激励措施，极大增加了原产权居民参与更新改造的动力。

3. 更新背后的资金来源

南京城市更新的主基调是"有温度的城市更新"，目标是完善配套，使居民有满足感、获得感和幸福感。在政府投入有限的情况下，利用政府资本的引导和撬动，吸引社会资本和居民资本，最后所有的资本汇聚到产权主体，进行更新改造。

但是在实际的操作中，无论是公房更新改造、私房更新改造，还是公共空间及设施改造，大部分费用来源于政府出资，这部分资金又来源于南京新城开发建设的土地出让金。《秦淮区"十三五"老城保护更新实施方案》中表明，新城开发建设卖地的收入要部分返还老城保护，目前秦淮区每年可以投入约20亿元进行城市更新。[①]这意味着小西湖更新中的资金来源充足，因此可以"不先关注融资贷款，首先关注老百姓生活的改变，再来考虑资金机制的创新"。

> 南京的新城反哺老城机制设计
>
> 2016年，南京开始创新性地探索研究制定老城更新综合平衡政策，通过调整土地出让金支出平衡，建立新城反哺老城机制，改变"零打碎敲"发展模式和"就地平衡"运作方式。我市对南部新城、河西新城开发建设盈余收益，定额统筹部分资金，分5年筹集150亿元用于老城保护和更新项目，初步形成了以政府公共财政投入为主、多渠道筹措历史文化名城保护经费的投入机制，让参与更新的各类社会资本吃下了一颗"定心丸"，也有效降低了老城开发强度。

同时通过一些机制设计，提高和吸引资本入驻，形成后期运营循环。①社会资本，主要通过固定收益吸引，包括后期更新之后的运营收入和物业费等；②居民资本，采用返利机制，通过物业费的形式，产生分红与居民共享利益，从而激励居民进行前期投入；③政府资本，投入主要是新城建设返还老城保护资金，同时建立更新公共整治基金，运营收入扣除前面两项费用，剩余的钱进入基金中，整个秦淮片区中各个项目互相平衡。

6.6.3 综合效益

1. 复杂的产权转移

城市更新的前提条件，就是产权人之间的利益协调，由此而产生的交易成本会对更新的选择起着决定性的作用。小西湖更新中公房由于政府和企业的公

---

① 作者与秦淮区城市更新办进行访谈得知。

益性较强，较为容易达成更新改造；但是面对私房，不仅每个建筑主体是不同的产权人，需求不同，甚至一个建筑中存在多个产权人，有些产权人年代久远已经失联，这给协调沟通工作带来极大困难。小西湖必须所有产权主体统一意愿才能进行更新，极大地增加了协调成本，滞缓了改造进程。在实地访谈和调查中，相关单位也表明如今城市更新相关部门人手非常不够，人力精力耗费巨大。事实上，"微更新"中的"微"就是面对的主体数量群体变得更加庞大，这意味着更新中的人力、物力、精力投入也随之变得巨大。小西湖片区所实施的产权模式更新，虽然是"有温度的城市更新"，但其也导致了一定的低效性。如果居民户数按照算数级级数增加，这种协调的难度则会呈几何级数攀升，尤其当更新涉及的户数超过一定规模后，其间协商的交易成本就会增加到无法承受的程度。对于产权复杂的更新主体，应该设计一个机制，例如本书中第6.5节"喀什案例"里产权格式化的做法，多产权主体的私房产权进行统一并保全，可以极大降低由产权重置所带来的成本。

2. 有效的激励机制

如何调动产权人自主投入参与改造一直以来是中国城市更新的难题。小西湖更新改造中，利用适当增容、资金补助、公共服务优先优化等方式有效促进了产权人自主更新的意愿。尤其是政府负责改进周边环境、完善服务配套，利用微型管廊的铺设，极大地调动产权人更新的意愿。在城市更新中，政府可以利用很多激励机制调动产权人更新的意愿，例如提供各种相应的公共政策，完善行政许可制度，为这类产权人投入参与改造提供从设计、审批、技术规范到产权重置等一系列完整的服务（例如喀什改造案例，详见第6.5节），或是通过提出允许套内微增容等激励措施（例如湖滨60号楼，详见第6.9节），满足居民生活改善的需求。因此，政府通过套内增容、电梯补贴、基础设施接入、赠送设计等激励手段，可以有效地鼓励原产权人自主参与更新。

3. 自主更新的差异对比

虽然小西湖更新也是非产权重置的模式，具有自主更新的思路雏形，但与其他自主更新案例相比仍有差别：

第一，在资金来源上，和本书案例湖滨一里60号楼（详见第6.9节）由产权人主导和自主出资相比，虽然小西湖也是增容不增户，但其仍以政府为主导，资金来源于南京新城片区土地出让金的反哺，相当于异地平衡的另一种表现形式。

第二，在产权关系的处理上，和本书"喀什案例"（详见第6.5节）低成本的"产权格式化"相比，本身公房、私房类的产权细碎以及使用者和所有者产权不匹配带来的更新动力不足，加之小西湖追求产权主体统一意愿，使小西湖更新协调的时间成本更高昂，更新效率更低。例如小西湖23号院落房屋产权结构复杂，根据片区改造政策，腾迁工作人员历时近8个月的时间，最终实现了该院落居民的整体搬迁，而喀什危房从改造到交房时间也就7～9个月。

6.6.4　结语

网上关于南京市小西湖的更新案例分析，大多是基于小西湖以产权人为核心，"有温度""有人情味"的更新模式，但这也意味着产权带来的交易成本的提升，且政府资金来源也仍相当于"房地产+"的异地平衡模式。随着城市发展转型，卖地越来越困难，新城反哺老城的模式会被局限。小西湖的半自主更新模式与过去相比已是一大进步探索，未来可以进一步演化成"产权人为主的"更新模式，政府通过制订政策和机制设计推动。

致谢：特别感谢南京市规划和自然资源局秦淮分局李建波先生、东南大学建筑学院董亦楠老师对本文的帮助。

6.7 东莞金泰村自主更新的模式——依靠社会资本的自主更新改造

曾馥琳

案例信息

案例类型：Ⅲ类用地城中村宅基地更新

案例时间：2018—2020 年

案例对象：村委会、产权人、中介、承租人

案例特点：以私人出资为主的自主改造，原拆原建不涉及增容

导读

金泰村位于东莞老城区中心，地理价值区位优越。该案例是以社会资本的自主改造项目，其关键是通过东莞市住房和城乡建设局赋予村集体在监管辖区内实行办理施工登记许可的规定。实质上是，弥补了集体使用权的缺失，在集体产权不被破坏的前提下，剥离宅基地使用权，赋予集体土地使用权入市法律的保障。通过集体产权使用权的出租、转让，盘活村庄的集体物业，实现社会共赢。

6.7.1 案例背景

东莞金泰村属于万江街道，位于老城中心的莞城，总用地面积约 27.5hm²，其中宅基地面积约 22.8hm²，其他经营性集体土地面积约 4.7hm²。本书将紧邻的金泰花园、金丰花园以及金福商厦等地纳入研究范围，将范围扩至南近永泰街，西至万道路，东侧和北侧临金曲路，用地总面积约 31.7hm²（图 6-39）。金泰村周周边区位价值优越，位于万江和东江交汇处，临近省级文物保护单位——"东莞文物八景"之一的金鳌塔。

图 6-39 东莞金泰村区位图
（图片来源：作者自绘）

虽然，金泰村具备优越的地理位置和历史景观资源，但其本身宅基地物业的价值并不高。从房价上看，紧邻的金丰花园、金泰花园等国有住宅小区的均价约 9000 元/m² 至 12 000 元/m²，而金泰村宅基地上的物业只能通过私人市场流通转卖，价格一般在 1000 元/m² 至 3000 元/m²。从租赁房市场来看，金丰花园和金泰花园等周边小区租金大致在 20 元/m²，而城中村宅基地物业，大约在 3～5 元/m²。[①]

为了匹配老城中心区的高价值区位，一方面，莞城区政府想将金泰村纳入成片改造的范围，通过集体土地产权改成国有土地产权的办法让金泰村宅基地进入市场流通，以此提高土地利用的经济效益。但是，因金泰村临近广东省级文物保护单位金鳌塔，受高度控制等管控条件的约束（图 6-40），使得金泰村无法通过卖地融资而达到资金平衡。另外，2022 年 1 月数据显示，全国土地平均流拍率升至 21%，[②] 在土地出让遇阻、房价不断下跌的今天，东莞在地征拆的前期服务商意向不高，宅基地以征迁的方式入市变得更加难以操作。

图 6-40　金鳌社区概况以及控高图
（图片来源：广东省文物保护单位
金鳌洲塔保护规划）

另一方面，金泰村位于城市核心地段，并且村内有传统特色的老宅院落，即使不通过大拆大建和土地出让也可以获得社会资本的青睐，这也为金泰村对接城市资本提供了优良的基础。但是，实际情况中，中国实行财产均分制，随着财产继承，产权会不断被细分，由此导致一个物业往往存在众多的产权相关人。社会资本接入城中村宅基地物业同时面临着巨大风险，使得在 2020 年之前，仅仅只有零星的 2～3 栋民宅，采取私人合约的租赁形式进行入市交易。

---

① 数据来源链家、安居客、58 同城的租房网站。
② 数据来源 CRIC 中国地产决策咨询系统的城市商品住宅新增供应面积表格。

6.7.2 金泰村宅基地使用权入市的方式

1. 补足所有权缺位——赋予村集体审批权利

历史上自治型的村庄看似很多是自发的建设，其实都具备完整的集体行动秩序，例如请村里年长者或高威望者作为见证者进行公证。正是这些非正式的乡村秩序，造就了今天很多历史名镇、名村。而一般在地理区位价值较高的老城区，具有一定风貌特色的城中村物业往往更受社会资本的青睐，例如厦门曾厝垵就是从一个小渔村演变为比肩鼓浪屿的网红打卡点。但是，由于集体的缺位使得社会资本无法接入宅基地的集体土地交易市场，居民纷纷把高价值老旧风貌建筑翻新成为低价值的新宅，以此获得更多低廉价格的租金或者赔偿款。

东莞借助 2021 年 8 月住房和城乡建设部出台的《关于在实施城市更新行动中防止大拆大建问题的通知》（建科〔2021〕63 号），按照"严格控制大规模拆除；坚持应留尽留，全力保留城市记忆，保留利用既有建筑，保持老城格局尺度"的要求，同时根据《中华人民共和国建筑法》《建设工程质量管理条例》《建筑工程安全生产管理条例》等相关规定，东莞市住房和城乡建设局随即出台《关于加强建筑领域安全生产及既有房屋安全管理的通知》（东建质安〔2021〕18 号），以此加强私宅在建筑领域的安全生产以及既有房屋的安全管理。其中规定"辖区内房屋装修改建工程投资额在 100 万元以下或建筑面积在 500m² 以下，并且在不增加面积、层数等，不改变规划指标的情况下，需要到村或社区居委会办理开工登记手续后方可改建，同时有物业服务企业管理的住宅小区、商务楼宇应向物业服务企业或业主委员申请办理"。正是这条规定直接补足了集体土地所有者缺位，将相关的建设工程许可下放权限，直接明确了以村委会以及物业公司或业主委员会为审批主体。使得村民和城市资本的私下契约得到了"集体"的背书。原先缺乏保障的契约经过村集体以及小区业主委员会的审定，就如同国有土地的交易得到了政府的信用保障，给予了城市资本对接集体物业的契约的保障（表6-13）。

表6-13 城中村宅基地和住宅小区的所有权、使用权改建许可的对比

	城中村宅基地	住宅小区
物理形态	村集体	业主委员会 / 物业公司
	村集体物业	小区物业
使用权	村民（无产权证）	小区业主（产权证）

续表

	城中村宅基地	住宅小区
所有权	集体所有	国有所有
改建许可证	开工登记许可证	建设用地规划许可证、建设工程规划许可证
审批权	村委会	物业/居民业主委员会
租赁范围	无限制	无限制

（表格来源：作者自绘）

2. 剥离使用权交易——开工登记许可凭证

由于东莞的居住功能大多都由宅基地物业承担，很多装修、维修，以及改扩建的建设工程都属于私人行为，没有纳入统一的安全监管房屋系统，导致安全问题频发。据 2020 年东莞市房产管理局统计，因维修、装修等私宅工程类事故占建筑施工领域安全生产亡人事故比例超过 80%，充分暴露了建筑领域安全生产监管的漏洞，给东莞全市人民生命财产造成了巨大的损失。另外，私人违规搭建、扩建、随意改动结构的行为不受控制，无论是产权人自住或是宅基地物业流转市场，都给房屋使用者留下了极大的安全隐患。

金泰村在东莞市住房和城乡建设局出台《关于加强建筑领域安全生产及既有房屋安全管理的通知》（东建质安〔2021〕18 号）的政策指引下，由村民委员会颁发细则《告知书》，更详细地规定了原通知中申请开工登记许可证所需要的"工程开工登记表、相关人信息证明以及装修合同"等资料。其中《告知书》中规定"由项目业主、经营者或相关单位需要提交以下资料，经村委会审定后，核发施工登记许可证后方可施工。所需资料包括：①工程开工登记表（社区领取）；②相关人身份信息证明（申请人为租户的，还应该提交业主同意装修或改建证明）；③工程施工合同或协议；④涉及外墙装修需搭排山架的工程需要提供《建筑工程安全生产责任保险》以及到社区缴纳 5000 元装修改建押金；⑤涉及改变房屋建筑结构的需要提供房屋安全鉴定报告及有资质的设计单位提供的设计方案"（图 6-41）。

东莞设立"开工登记许可证"的制度和荷兰的印花税证明如出一辙（图 6-42）。村集体通过颁发开工登记许可证，在保证集体所有权不变的情况下，剥离了宅基地的使用权，使得经营者和产权人之间的交易具有凭证，保障了交易的安全性。荷兰的印花税起源于 17 世纪，当时的荷兰商业非常发达，老百姓日常做生意的过程中，需要交易双方立字据或者签合同。但是，如果交易契

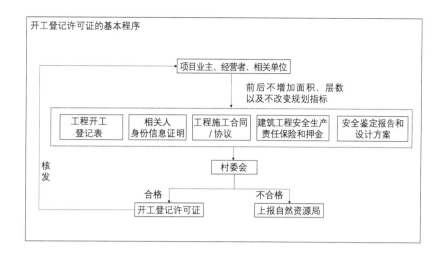

图 6-41 开工登记许可证的基本程序
（图片来源：作者自绘）

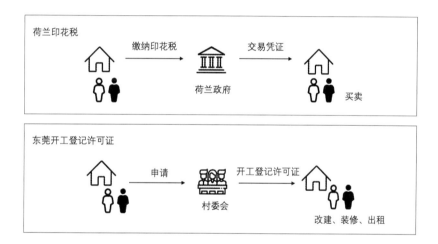

图 6-42 荷兰印花税和东莞开工登记许可证的交易市场对比
（图片来源：作者自绘）

约若只是两个人签字，双方常常赖账不守信使得交易不具备安全保障性。后来荷兰政府充当第三方机构，交易双方只需要携带契约到政府缴纳一定价格的印花税，就可以获得政府的凭证证明，只要凭证得到政府的证明，即便是耍赖打官司，法庭也会按照证明以及契约内容进行取证判定，之后荷兰所有的交易都为契约合同买了份保险，出现纠纷时，交易双方会利用法律保护各自的利益。

3. 降低交易成本——中介组织高效配置资源要素

开工登记许可制度的建立，有效地降低了社会资本对接城中村宅基地物业所带来的风险。但是，在城中村宅基地的入市交易过程中，也常常会面临着市场价格的信息成本、协调成本等问题。而中介组织在交易契约有了集体信用保障之后，开始积极承担并降低以上成本，以此提高社会资源要素的配置。

　　一方面，对产权人而言，除了轻资产的物业出租外，直接进入需要装修、推销、品牌建设等重资产商业模式（比如餐饮、文旅、民俗等）的风险很大；对经营者而言，如果投入重资产就需要较长的回收周期，一旦中间出现纠纷，就可能血本无归。中介组织熟悉市场需求（有些自己就是从事相关行业的），了解相关政策，他们可以通过低价、稳定、大规模地从村民处承租，然后根据物业的区位和特征高价分租给集体之外的终端需求者。集体物业原住民免去了市场不确定性带来的风险，终端的运营者也无须和非专业的村民个体直接打交道，可以有效化解双方信息不对称的风险，促成城市资本接入城中村集体物业。结合访谈和已有的合同来看，中介组织从产权人以 1000 ~ 2000 元 / 月的租金承包，几乎不到一年就可以以 6000 元 / 月的租金转租给运营者，同时租金每年每季度还可以上浮 10%（图 6-43）。

　　另一方面，从开工登记许可证的基本程序来看，宅基地上物业不论原有产权人还是租赁给其他人进行改建、装修等建设工程，都需要提供工程开工登记表、相关人身份信息证明、施工合同以及方案，如果是经营者（承租人）还需提供业主确认改建的证明。如开工登记表中涉及的建筑面积、建安造价需要有经营者找到有资质的单位进行测绘、估价，施工合同和方案也需要相应的专业单位出具相应的文件证明，而施工改建、装修又需要取得产权人本人同意。实际上，各个表格中都包含了产权人、经营者、相关资质工程建设单位等主体巨大的协调成本（图6-44），而中介组织的出现，大大减少了沟通协商的次数（图6-45）。

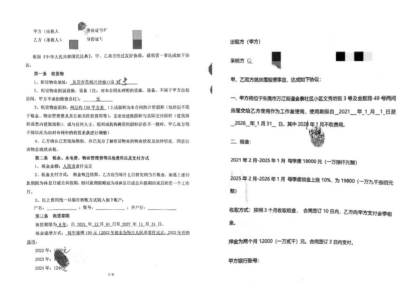

图 6-43　金泰村宅基地物业中介和运营者的租赁合同
（资料来源：由经营者董女士提供）

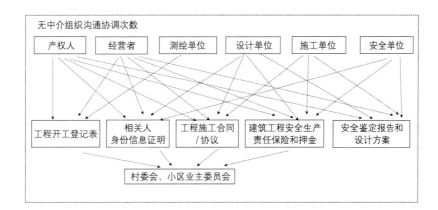

图 6-44 无中介组织与协调沟通
次数图
（图片来源：作者自绘）

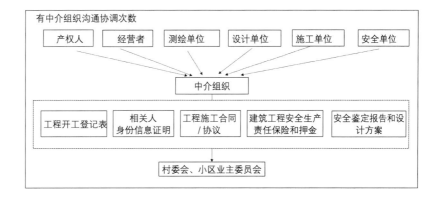

图 6-45 中介组织与协调沟通次
数图
（图片来源：作者自绘）

从宅基地实际交易的情况来看，以金泰村某私宅为例，从终端运营者和中介组织签订租赁合同后，由于中介组织长期深耕于此，具备一定的政策背景以及改建的专业知识，同时还在当地村民心中具有较大的信誉，于是，改私宅由中介组织牵头仅用 1 个月的时间，就完成了开工登记证表、产权人和经营者达成共识的改造施工图，以及一系列的相关其他房屋证明。

6.7.3　宅基地产权完整后的效益评价

由于制度的不匹配，导致城中村宅基地入市交易增加了很多隐含的风险成本，从而使得城市资本对接城中村宅基地物业的门槛变得很高。本文假定用公式 A+C 与 B 的关系来判定城中村宅基地入市交易是否成功，然后对其效益进行评价。其中，城中村宅基地产权人所提供的物业价值为 A，B 为社会资本所接受的市场价格，C 为风险成本。

在一般情况下，若风险成本 C=0 时，A=B。城中村宅基地产权人所提供的物业价值恰好能被社会资本所接受，交易成立。但是，由于产权不明晰、交易凭证缺失、错误定价等风险都会导致 C 成本变高，使得 A+C > B；或者因为产权人的物业被入市运营后增值后，私自变相涨价 A，也会使得 A+C > B。此时，城中村的实际物业价值已经远远超过了社会资本所能接受的价格，交易不成立。因此，只有当发生交易时，产权人提供的价格 A 足够稳定，并且交易风险 C 足够小，社会资本才能够顺利接入城中村宅基地物业，实现城中村宅基地交易入市。

而东莞金泰村的宅基地之所以能顺利入市交易，一方面，不论是产权人自己改建运营或是由社会资本负责运营，其都是以村集体的名义进行信用担保产权人或产权人与经营者之间的交易契约，稳定 A 的价格，从而确保交易契约的稳定性。另一方面，就是开工登记许可证制度的制定，在保持宅基地所有权不变的情况下剥离了宅基地使用权，使得宅基地使用权入市交易具有凭证，中介组织因为风险可控从而加快交易的效率，减少信息和协调成本 C。此时，A+C ≤ B，金泰村的宅基地就在保证所有权不变的情况下，使用权高效地入市流转。

1. 村集体信用担保，降低交易风险

东莞市住房和城乡建设局赋予村委会行使城中村宅基地物业改建运营的审批权利，实际上是补足了村集体在私人业主和城市资本交易过程中的缺位，确保了宅基地在交易入市过程中的合法性。老宅在没有社会资本接入时，面临的结局就是不断地破败折旧，最后以征拆的方式进行入市交易。而在补齐了集体土地所有权的缺位后，金泰村破旧闲置的宅基地物业不仅避免了采取征拆改国有产权的方式进行入市交易，还使得产权人每套房屋获得 800 ~ 2000 元/套的租金（图 6-46）。让年久失修的老宅以及私搭乱建的私宅获得了重新修缮的机会，将原来产权人中的低价值祖屋转换为高价值的"城市资产"，最大化匹配宅基地物业的区位价值。

同时，有了村集体信用"背书"，使得社会资本和集体土地的资源得到了较好的调配。经过走访调查，区内 54.2% 的房屋已经被市场中介接手，并且有 78% 的产权人表示愿意将自己的房屋进行出租。即便是在这样的情况下，仍然出现了供不应求的市场现象，传统风貌的旧屋更是一房难求。

2. 剥离使用权，联通资本渠道

东莞市住房和城乡建设局通过设立"工程开工登记表"的许可（图 6-47），在剥离集体产权使用权的前提下，金泰村避免了依托征拆改大产权的模式进

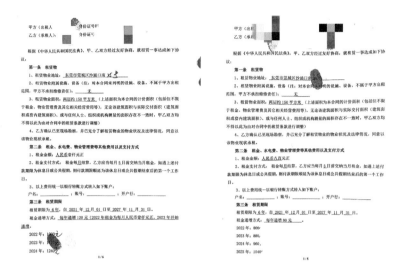

图 6-46 产权人和经营者的合同
（图片来源：由经营者提供）

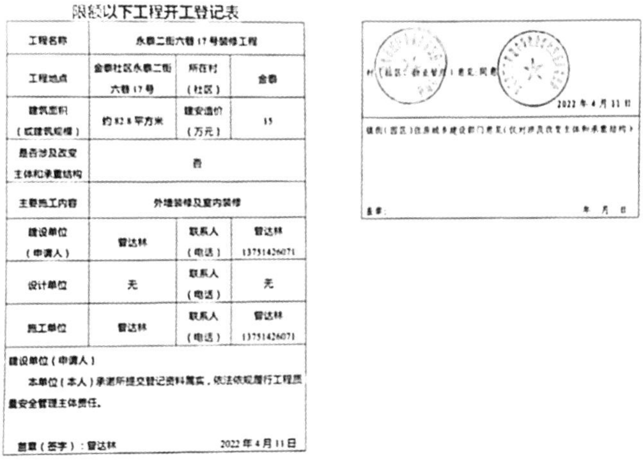

图 6-47 工程开工登记表
（图片来源：由金泰村委会办公室提供）

行入市交易。将宅基地使用权剥离后，既保证了集体所有权不变的前提，又给予了原来私人契约转变为具有保障的合法企业，保障了交易的稳定性。另外，由于分散的个体缺少行动的一致性逻辑，众多产权人、经营者以及相关施工设计单位之间围绕交易的沟通和协调所形成的成本会非常高昂，中介性质的组织参与进来大大地提高了交易的效率，明显降低了集体土地入市交易中由沟通协商、信息而产生的交易成本。

由于社会资本和集体土地市场之间的交易获得了信用凭证的保障，大量经营者开始对宅基地物业进行长期稳定的投资，以金泰村 49 号私宅为例，改造费用包括成本部分（表 6-14）主要包括：租金（以季度付）、拆除私宅装修改造费用、装修人工费用、设计师费用等，共计 22.8 万元。正是与产权人之间的契约有了保障，改造业主在经营一年后，就将原先改造的费用回本之外还仍有盈余（图 6-48）。

表 6-14 改造投入成本表格

成本名称	金额
租金	1.8 万元 / 季度
拆除部分 （17 项，含门窗以及 72m² 墙体）	1.52 万元
装修部分（地面、屋顶、立面）	17.78 万元
人工以及管理费用	1.7 万元
合计	22.8 万元

（表格来源：作者根据改造业主提供报表整理）

3. 提高资本生成的效率

在土地金融早期阶段，由于农地征地拆迁的成本较低，而通过招标、拍卖、挂牌土地的出让价格较高，政府通过征地拆迁不仅可以实现财务平衡还有盈余，这部分盈余被政府用于招商引资，获得税收，从而在将一次性的土地出让收益转变为可持续的现金流性收入的同时，实现了工业化和城市化的互促式发展。

但是近年来，中国的征地拆迁成本越来越高，巨额的产权重置成本阻碍了我国城市化进程的发展。假如金泰村按照 2021 年 11 月，东莞市人民政府办公室发布关于印发《东莞市人民政府办公室关于实施城市更新（"三旧"改造）"头雁计划"第一批单元的通知》（东府办函〔2021〕717 号）的通知中公布私宅建筑面积的拆赔比以 1：1.85 的比例以及赔偿标准 5 万 /m² 计，金泰村直接等同将 421.8 亿元"无证物业"认定为拥有产权证、可以上市流通的物业。征地拆迁赔偿占比土地出让金收益越来越高，结果必然导致地方政府的财政更加入不敷出。国家财政部公布的数据显示，2009 年以前，我国用于城市开发建设的征拆补偿等成本性支出占土地出让金收入的 20% ~ 35%，2009 年后陡增至 80% 多。地方政府除了所剩不到 20% 土地出让金收入之外，还需要承担乡村振兴、扶贫等没有直接收益的转移支付。巨额的征拆补偿引发的直接后果就是政府直接可支配的财力下降，资产债务不断加重，城市经济不断下滑（图 6-49）。

图 6-48 建筑施工图以及改造前后对比图
（图片来源：由经营者董女士提供）

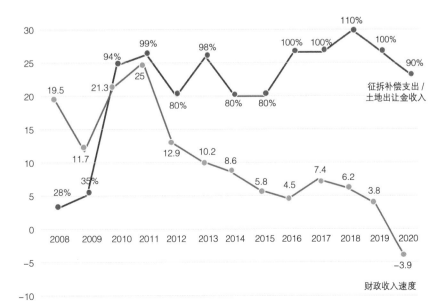

图 6-49 经济增长速度随征拆补偿成本的升高而下降
（图片来源：作者自绘）

6.7.4 结语

东莞集体土地引入社会资本成功的关键——村集体颁发的"工程开工登记表"，"工程开工登记表"许可的行为赋予了集体物业使用权交易的合法性。一旦有了集体的信用背书，金泰村的村集体等同于城市小区的业主委员会，使得集体业主和村集体以外的业主交易宅基地使用权具备安全性和可靠性。通过集体解决第三方的信用背书问题，使得城中村物业在不破坏集体产权的前提下，剥离了宅基地的使用权。这样就避免了城中村需要通过征拆改大产权、消灭集体产权的方式进行更新改造。使得城中村可以利用原有风貌进行改造升级，村民也不用通过违章建设来最大化集体物业价值，一方面城中村改造升级的成本会大大降低，另一方面城中村集体物业可以与城市资本进行高效匹配。

东莞是一个集体土地占比高达 71% 的城市，在中国的其他城市虽然没有像东莞比重如此之大的集体土地，但同样具有集体土地使用权入市困难的类似性问题。城中村改造模式的创新，并不是简单的拆旧建新。其背后是农村集体土地使用权入市的路径设计。东莞利用"工程开工登记表"的许可使得交易安全可信，其作用等同于《中华人民共和国城乡规划法》中的乡村建设规划许可证的作用。通过赋予村集体行政许可，解决集体土地使用权和所有权的分解问题，实现集体产权使用权市场化的合法化。未来，我们加以改进对应的政策和制度，就可以在更大的范围进行应用，不仅适用于城区，也可以适用于郊区，同时也可以解决《中华人民共和国土地管理法》集体土地入市的难题……

6.8　深圳水围村柠盟公寓的保障性人才房改造——城中村非正式住房阶段性正规化的探索

林小如　李　翔

案例信息

类型：Ⅲ类用地城中村更新
时间：2010—2020 年
对象：政府、深业集团、水围村股份有限公司
特点：城中村非正式住房阶段性正规化的探索，不涉及空间增容和产权重置

导读

　　水围村柠盟公寓是城中村农民住房通过"政府—国企—村集体"三方合作，以长租的形式进行保障性住房化改造，从非正规经济进入统一租赁市场，实现城中村非正式住房阶段性正规化的探索。在更新过程中，水围村集体股份有限公司负责组织协调；国企深业集团一次性统一租赁并负责更新改造与运营管理；深圳市福田区政府提供政策和可持续性补贴，利用灵活的机制"杠杆"，低成本地补充了深圳市保障性住房体系的部分租赁性人才住房缺口。水围村这种城中村非正式住房阶段性正规化的探索不涉及空间增容和产权重置，符合住房和城乡建设部提出的"禁止大拆大建"，以留改拆为主进行的城市更新模式。

6.8.1　案例背景

　　2000 年以来水围村一直在深圳市城市更新探索的路上领跑，是深圳市乃至全国村集体自主更新的典范。水围村位于深圳市福田区深港交界处附近，靠近皇岗、福田口岸，交通区位优越，周边设有地铁 4 号线福民站、7 号线皇岗村站。在 1992 年福田区开展农村城市化后，水围村成立村集体股份公司。

　　水围村外来人口居多，30 000 常住人口中户籍人口仅 2000 余人。现有城中村的用地面积约为 4.9 万 m²，而建筑面积达到 27.2 万 m²，容积率高达 5.5，建筑平均层数达 8 层，建筑覆盖率达到 0.69。

　　柠盟公寓是坐落于水围村西南部的 33.5 栋 8 层农民自建房，其中的 29 栋为深业集团改造运营的人才公寓（图 6-50、图 6-51），4.5 栋为水围村股份有限公司自营的国际人才公寓。

　　从 2010 年开始，深圳市城市发展进入存量空间优化的阶段，市政府面临中心地区大规模保障性住房建设供

图 6-50　水围村及柠盟公寓区位图
（图片来源：作者自绘）

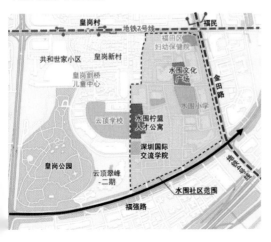

图 6-51　柠盟公寓鸟瞰图
（图片来源：项目图片）

给的压力。在这个节点上，福田区将城中村存量空间的更新和保障房的供应做一个链接，在水围村做首例的探索。

　　水围村自建房业主多数不居住在村内，其房屋大多由二房东代为出租，住户鱼龙混杂，导致较大的社区治安和消防安全隐患。为此，水围村股份有限公司计划将村内出租房统一管理，打造为国际社区和青年公寓，提升水围村整体环境和安全保障。由此村里选出建设情况较好的 33.5 栋自建房（2002 年建成），占地面积约 8000m²，进行项目试点。每栋楼原有业主两位，后因家族壮大，总业主人数超过 100 人。村股份公司主动与各个业主进行多次洽谈协商，在 2015 年成功与其中的 33.5 栋楼的业主签订 10 年期租房合同（图 6-52），这就是水围村人才公寓的雏形。

图 6-52　水围村产权状况
（图片来源：Bin Li, De Tong, Yaying Wu, Guicai Li. Government-backed 'laundering of the grey' in upgrading urban village properties: Ningmeng Apartment Project in Shuiwei Village[J]. Progress in Planning, 2019(11).）

6.8.2　资金来源和模式

各主体出资情况和改造模式

1）启动期融资策略：国企深业集团的一次性改造投入。

由于柠盟公寓项目属于房屋产权不变的整体改造和租赁行为，因此启动期的融资虽然重要，但是对于各方利益主体并未形成过大的负担。项目的启动期融资主体主要以国企深业集团为主，政府和水围村集体股份有限公司为辅。

29 栋人才公寓的启动资金主要来自深业集团的一次性改造投入。深业集团以每月 73 元 /m² 的价格承租自建房 15 472m²，租金每年 1355 万元，周期 10 年，建设投入运营，改造项目投入约 4000 万元。福田区政府以 150 元 / m² 将 504 套住房从深业集团手中全部返租回来后补贴 50% 的租金，深业集团大约可以从政府每年补贴的租金补偿中可收回 2785 万元，扣除成本每年约盈利 700 万元，对深业集团来说至少需要 6 年才可收回成本。10 年净盈利约 2352 万元，均摊至 10 年的平均收益为 5.8%。

其次，另外 4.5 栋国际公寓的启动资金主要来自村集体股份有限公司。水围村集体股份有限公司前期对 4.5 栋国际公寓改造的一次性投入约需 800 万元，公司以 3 万元 /（人·年）的价格从村民手中租下 33.5 栋住房，共花费约 500 万元 / 年。再将其中的 29 栋以 73 元 /（m²·月）的价格整体出租给深业集团。另外 4.5 栋由村集体股份公司改造并集体持有运营（图 6-53）。

2）运维期财务模式：政府持续性补贴与村集体自持式运营结合。

后期的运维资金主要来源两块，第一是政府可持续的租金补贴，每平方米补贴给深业集团 77 元；第二是水围村股份有限公司这一方可持续的底层商业出租和物业管理收益与 4.5 栋国际公寓的出租营收。前者以每年 1429 万元的

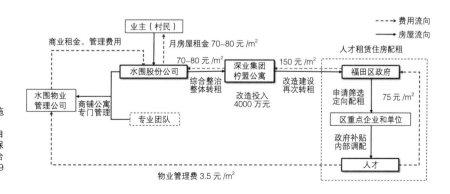

图 6-53　水围人才公寓项目实施流程
（图片来源：作者根据材料整理自绘：段阳，杨家文.深圳市人才保障住房新实践——以水围村综合整治为例 [J]. 中国软科学，2019（3）：103–111.）

现金流支撑深业集团可持续运转；后者支撑村集体股份有限公司在环境、治安、服务等物业方面的规范管理和运营。4.5 栋国际公寓虽没有得到政府的财政补贴，但是由于周边基础设施改善，人口结构提升，环境质量提升所产生的外部溢价效应，国际公寓房租显著升高，水围村集体股份公司同样能获得持续的房租现金流（图 6-54，表 6-15）。

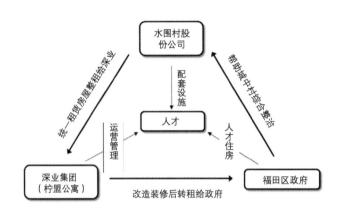

图 6-54　水围柠盟人才公寓的项目合作模式
（图片来源：作者根据材料整理自绘；段阳，杨家文 . 深圳市人才保障住房新实践——以水围村综合整治为例 [J]. 中国软科学，2019（3）：103-111.）

表 6-15　水围村更新 10 年过程多方利益主体营收与支出总账概表

利益主体	政府	深业集团	水围村集体股份公司	村民	租户
收入	深业集团和水围村集体股份有限公司的企业所得税是政府明面上的收入；10 年共计 6606 万元；实际上政府还省下中心城区一块建设用地，用以建设租赁性人才住房（容积率 5.0，面积需 3500m²）[①]	12 870 万元	深业集团租金 13 550 万元	10 年房租 120 万～150 万元 / 户；村集体自营部分收益分红约 10 万元 / 户	70～80 元/（m²·月）
支出	12 532 万元	一次性更新投入 4000 万元；企业所得税 3218 万元；利息 1300 万元；运营成本 2000 万元	村民租金 4000 万元；企业所得税 3388 万元；4.5 栋楼的一次性装修投入及利息约 800 万元；基础设施投入和运营成本约 2000 万元；村民分红 1000 万元	0 元	75 元/（m²·月）

① 2015 年深圳市水围村一带住宅土地价格约 4 万元 /m²，3500m² 共计 1.4 亿元；建设成本约 3000 元 /m²，建筑面积 17 872m²，建设成本合计约 5362 万元；土地加建设成本共计 1.936 亿元。此外还有拆迁补偿安置成本 2 亿元，过渡安置成本 0.064 8 亿元（假设过渡期 1.5 年）。故产权置换成本一次性共需约 4 亿元。

续表

利益 主体	政府	深业集团	水围村集体 股份公司	村民	租户
结算	10 年净支出 5926 万元； 事实上，还获得一种"影子收益"：政府若对这块地进行产权重置需要 4 亿元的一次性成本投入；因此，柠盟公寓的更新表面上是纯支出项目，实际为人才房项目节约了 3.4 亿元的一次性成本投入，属于轻资产、集约高效的更新模式	10 年盈余约 2352 万元	10 年盈余约 2362 万元	持续稳定的房租 + 经营性分红共计 130 万～160 万元 / 户	人才房的稳定性低租金保障

6.8.3 难点与突破

1. 政府通过政策与补贴，低成本补齐部分人才租赁性住房缺口

政府搭建了"政府—国企—村集体"三方协作的平台。由深业集团国企挂帅，政府承担分期可持续的整治资金，减小了项目的阻力。政府获得的是"城中村民宅向保障性人才租赁住房"华丽转身的深圳实践标杆，以及城中村高标准综合治理的全国性示范。取得了水围村城中村环境与形象的整体提升，并免去了高价征地、拆迁、建房，长时间周期的财务成本和时间成本。虽然政府 10 年投入的租金补贴约为 1.25 亿元，然而政府可以从深业集团和水围村集体股份有限公司收回企业所得税超过 6000 万元，实际上 9 年时间，504 套人才房的净成本约为 5000 万元。[①]

2. 开发商微利开拓了存量更新类住房租赁市场

深业集团投入的是融资阶段约 4000 万元的一次性改造资金（每平方米的改造成本约 3000 元），承租后经过改造运营，转租给政府，同时获得政府持续 9 年的财政补贴。深业集团探索了城中村改造人才保障性租赁住房的全国首例，开拓了更新类住房租赁市场，形成了享誉全国的"水围村更新模式"，获得业界较大影响力和可持续的商业收益。

---

① 水围村柠盟公寓所在民房出租时间为 10 年；由于改造时间约 1 年，正式运营和财政补贴的时间为 9 年。

3. 村集体股份公司获得可持续的底商和国际社区的经营性收入

村集体最大的作用在于整个项目前期"一对多"协商下高效的整租动员，以及贯穿始终的多方协调与物业管理。此外，村集体负责柠盟公寓的物业管理，成本可以被运维阶段底商的营收和 4.5 栋自营的国际公寓房租收入所覆盖。

4. 村民和租户获得安全保障和经济保障

村民与水围村股份公司签订长租合同，既可以规避消防安全、经济环境等风险，又可以享受稳定的租金收入。同时，人口年龄结构年轻化，使得水围村环境变得富有活力和朝气，也给水围村的原住民提供了多元化服务业的经营收益和就业岗位。

租户得到成本较低，环境较好，且安全有保障、管理有秩序的居住环境（图 6-55）。

图 6-55　柠盟公寓内外部空间
（图片来源：作者自摄）

6.8.4　实际效果

1. 综合财务效益评价：政府国企联合，低成本推进城中村的人才房转向

柠盟公寓项目在"政府—国企—村集体"三方合作下，政府在财务上全面兜底的"水围村模式"。该项目是在深圳市土地资源有限和人才住房需求增长的背景下，将老旧城中村的改造和拓展人才住房筹集途径这两种需求结合在一起，开创的一种三方合作的新模式。深业集团高效的改造提升和运营管理保证了项目推进的专业和效率，而后以微利保障的价格转租给政府。因为有政府兜底，柠盟公寓能够以改造前城中村的市场价出租给企业人才。因此，项目通过

多元的合作机制、弹性的政策支持、专业的运营团队，最终实现业主、股份公司、政府、企业、人才的多方共赢。

多元主体合作机制下的城中村综合整治提供了一种很好的保障性人才租赁住房筹集渠道和手段，政府既能节约财政又能规范租赁市场。项目规模虽小，但其带来的影响是巨大的，它反映了政府对城中村综合整治的支持和实施决心，提供了将非正式住房纳入正规住房体系的示范。

从表面看，政府需要承担每年约 1392 万元的财政支出，但是这块支出保证了 504 套人才住房供应，并带动 2000m^2 的国际人才公寓市场。人才保障房是深圳市全市保障性住房体系的重要板块之一。政府倘若通过征地、拆迁、建设新的保障性人才房，将涉及大量的空间成本、巨额的融资成本和漫长的时间成本。而将质量较好的城中村进行整治，纳入正规的租赁住房市场的柠盟公寓和国际社区是政府轻资本的保障房供应模式，也是激烈的城市更新改造进程中的一种缓冲模式探索。这在空间资源紧缺的深圳市福田中心区，既改善了城中村环境，保障了社会治安，又高效集约地安置了企业人才，还操练了国企在存量更新实践中的创新模式。

2. 非财务效益评价：村集体股份公司的协调大大压缩了时间和组织成本

水围村的房屋权属明确并相对集中，且不涉及产权变更，因此组织成本较低。其次，水围村集体股份公司作为沟通的中间角色，使"多对多"的协调转变为"一对多"的关系，大大降低了与村民沟通的协调成本。

此外，租金保障和安全责任保障大大降低了项目推进的时间成本。在柠盟公寓项目的合同中，村集体股份公司承诺，若将房屋统一交由股份公司管理，安全责任由股份公司承担，并约定租金每两年递增 6%。与股份公司签订长租合同，业主既可以规避安全、经济和管理等方面的风险和责任，又可以保证稳定的租金收入避免空租期。出于这两方面的考虑，业主非常乐意与股份公司合作。在产权明晰、业主出租意向明确的条件下，股份公司花了半年时间签下了该地块超过 90% 的业主。因此，水围村集体股份公司贯穿始终的组织工作大大降低了项目的时间成本、协调成本。

3. 正向外部效应：补充人才住房短板，提升环境品质和安全系数

首先，项目提升了水围村的整体环境品质和安全系数（图 6-56）。随着

（a）功能活动厅   （b）公用厨房   （c）公寓连廊

图6-56 青年之家
（图片来源：新闻报道）

空间环境品质的提升，出租房价格也有所上涨。水围村将不同工作背景的人才汇集于此相互交流，营造出充满活力和富有创新氛围的环境。比如同一地块中水围村自营的国际公寓，虽然租金要比周围贵一倍多，但是一经推出就全部租空。

其次，柠盟公寓有效地补充了深圳市保障性住房的短板。价格低廉、管理规范并且靠近市中心的公寓，增加了深圳对人才的吸引力。

6.8.5　结语

1. 模式和机制总结：城中村保障性住房化改造的"政府—国企—村集体"合作模式

水围村所代表的城市更新模式本质上是城中村精细化治理的创新，在"政府—国企—村集体"三方合作下，将非正式住房阶段性纳入正规住房体系的示范。重点关注青年人群需求、服务供给和平台搭建，并且结合现代城市社区特征及生活方式，因地制宜地培育与时俱进的社区模式。通过城中村居住空间品质提升、集约高效的可持续发展，为深圳市和其他城市的城中村更新改造提供一种创新路径参考。

"国企—政府—村集体"的联动机制表面上并未实现完全的财务收支平衡，但它是政府利用灵活的机制"杠杆"补充深圳市保障房体系一角的"正面教材"。对于国企来说，虽然启动融资阶段需要大量资金投入，但是它开拓了人才房租赁市场，且政府持续的资金补贴也是驱动其创新实践的动力之一。因此当政企联合探索出一种成熟的城中村保障性住房化改造模式，未来的实践成本还将会更低。

2. 模式适用前提

1）高强度高密度，单元规整化、建筑条件好、交通区位优越的城中村地块是保证改造后"出房率"和"满租率"的样本前提

水围村柠盟公寓的地块样本中，建筑密度很高，层高均为 8 层，且具备相近的建筑形制以及单元化的功能结构，方便整体规划。其次，这些建筑多为 2002 年前后建成，到项目出租的时间仅有 13 年，建筑较新、质量也较好。因此，这一系列的前提是节约改造成本并提高"出房率"的保证。水围村位处深圳市福田区的中心区，周边基础设施配套齐全，有紧迫的人才住房需求，由此能够提高"满租率"以获得稳定租金收入（图 6-57）。

2）房屋产权关系明确，业主经济条件较好且风险与责任意识较强是项目推进可行性的关系前提

水围村柠盟公寓的产权关系明确，业主多为华侨且终年在海外生活，房屋多为二房东代管。在这种情况下，其长期承担着防火、防盗等安全风险与经济不稳定期的空租风险，若发生火灾等意外也面临着被"封楼拉人"的风险。因此，安全管理等免责前提下，逐年微升值的稳定租金保障很快就促成其对集体出租模式的认同。

3）水围村集体股份有限公司的有力协调是项目高效推进的组织前提

相比普通的住宅和公寓，城中村的优势是可通过村集体来对房屋的使用权问题进行统一协商。统一租赁是整个项目的前提，借助村集体股份公司进行"一对多"的简单协商模式能够简化程序，高效开展项目，为后续项目的推进节约大量时间成本。

图 6-57 柠盟公寓公共空间实景
（图片来源：新闻报道）

4）政府的政策创新和财政支持是项目得以实现的机制前提和资金保障

政府使用优惠政策和租金补贴吸引国企参与城中村综合整治，保障项目实施的水准和完成度。存量时代的来临驱使房地产开发商转战租赁市场，但目前城中村综合整治的盈利空间尚小，政府通过分期持续的财政支持增加企业"试水"城中村创新性更新的积极性，同时筹集公共住房。

3. 问题反思

1）城中村空间的人才房转向与人才对居住条件的期待仍有较大差距

深圳市政府有着大量而持续的人才房需求与缺口，以水围村为代表的城中村恰好作为新的保障性人才房类型被征用。但实际上，人才对保障性住房品质的期待与水围村改造空间的环境条件之间仍存在较大的落差。尽管对城中村环境进行大幅度提升，但握手楼、隔声措施较差等硬伤，导致原本住在正规小区的企业人才对其并不满意。

2）导致城中村的多元化人群包容度下降及一定程度的绅士化问题

由于项目规模较小，这种更新模式带来的影响还未能充分显现。然而它对周边地块带来的显著升值效应严重挤压了原城中村普通租客的生存空间，从而引起城中村的人群包容度下降以及绅士化问题。因此这种模式也不适合在城中村大规模推广。

3）政府与国企兜底的模式存在经济上的不可持续性

解决 504 套小户型人才住房使用时间为 10 年，政府持续性的财政投入总计约为 1.3 亿元。深圳市的人才密度和人才住房需求能够支撑得起这种持续投入式的保障房空间；然而其他城市不稳定的人才密度可能会带来高空租率风险，因此，该模式推广存在经济局限性。此外，据访谈得知，深业集团在 10 年的租约满期后，也只能微弱盈利。因此该模式并不具备长远的可持续性和广泛的可推广性。

6.9　厦门湖滨一里 60 号楼自主改造——老旧小区自主更新的探索与启示

沈　洁

案例信息

类型：Ⅲ类用地老旧小区更新改造
时间：2014—2017 年
对象：政府（厦门市政府）、产权人（湖滨一里 60 号楼业主）
特点：产权人主导、政府辅助，原拆原建微增容的自主改造

导读

厦门湖滨一里 60 号楼自主改造为Ⅲ类用地住宅用地的更新类型，属于老旧小区更新改造。在我国，集合式[①]老旧小区的改造所面临的问题非常典型，由于其物业的不可分割性，任何更新改造都必须获得全体业主的"一致同意"，我国对集合式住宅的改造常常因为多个产权主体的协商成本，采用拆迁补偿的方式，最终都会走向大拆大建"房地产+"的政府成片改造更新。厦门市湖滨一里 60 号楼探索了"业主为主、政府为辅"的老旧小区改造模式，由产权人负担改造成本，政府通过规则制定和路径指导，是一类不涉及产权重置，无需政府卖地融资、"房地产+"平衡的"原拆原建"自主更新模式。

6.9.1　案例背景

2008 年汶川地震，灾区预制板房的安全问题在全国引起关注，预制板房的更新改造成为城市更新和安全提升的一个重点目标。厦门市处于环太平洋地震带边缘，老旧预制板房对城市安全带来的潜在危害尤为显著，加上老旧预制板房住区现有的居住条件及配套设施不能满足居民的生活需求，民众对于房屋老化、公共配套设施不全、停车、绿地及公共服务设施缺乏等问题的反应强烈，集合物业的更新开始进入规划审批。厦门市提出了一类业主自主更新的尝试，2014 年 7 月，厦门市规划局[②]和厦门市国土资源与房产管理局联合出台了《厦门市预制板房屋自主集资改造指导意见（试行）》（厦规〔2014〕94 号）（以下简称《意见》，详见本书附录二），提出以"业主自愿、资金自筹、改造自主"的原则，采用原地翻建的改造方式，并须经房屋全体所有权人书面同意，由此开启了集合产权物业自主更新的探索。

最早开始探索的，是湖滨一里至四里的预制板住宅。该地位于厦门市旧城

---

① 指套房产权私有，公有部分产权业主共有，拥有一个以上的所有权人的住宅。
② 现为厦门市自然资源和规划局。

区中心地段，区位条件好，周边生活配套成熟，但建筑均为 20 世纪 90 年代以前建设，是厦门市老旧预制板房集中区域（图 6-58）。其中，60 号楼地处湖滨一里内，于 1985 年竣工，是预制板房屋建筑，20 世纪 90 年代曾因地基问题被鉴定为危险房屋进行改造，但改善效果不佳（图 6-59）。在指导意见印发后，湖滨一里 60 号楼业主改造意愿强烈，遂率先成为自主改造试点先行试验（图 6-60）。

图 6-58　湖滨一里 60 号楼位置
（图片来源：作者自绘）

图 6-59　改造前
（图片来源：厦门合道建筑设计院

图 6-60　自主改造方案
（图片来源：厦门市规划局委托方案

6.9.2　难点与突破

自主改造相比于过去政府主导的成片改造，其以"自主""集资"为核心的模式，必然伴随着产权分散带来的协调问题与改造资金的筹集问题。同时，在审批与实施环节上也需要开启新的机制设计与政策辅助。为扶持和鼓励预制板房屋自主集资改造，《意见》中明确政府承担包括委托设计、加装电梯、改造代建及市政增容费用，以及给予 10% 的套内增容奖励，在改造过程中允许适当增加每套套内使用面积。

1. 内部：协调与资金问题

按照《意见》规定，改造方案必须得到房屋全体所有权人的书面同意才能继续推进，协调所有业主意愿成了 60 号楼自主改造中的第一道难题。在政策下发后 60 号楼业主们于 2014 年 9 月自主成立改造筹备组，并分成外联组、内联组、工程组、财务组 4 个小组，形成了外联组对接政府部门，内联组对接楼内各业主，工程组对接代建单位等实施方，财务组负责改造资金收取管理的四大分工。60 号楼一共 24 户业主，2014—2016 年 2 年间，通过内联组不断地协调与组织（内部协调会议大大小小有 30 余次），共有 23 户业主完全同意改造并每户缴纳 5000 元作为前期地勘费用及改造活动的前期筹备。

唯一不同意改造的是楼里 604 业主，是一位 80 多岁的老太太。在其丈夫（原房屋产权人）患病去世后，女儿和两个外孙也因意外于 2015 年去世，当时老太太也患病，经济困难。604 业主一开始拒绝与其他业主进行交流，也不愿意进行改造。即使当时有湖滨一里其他楼想要参与改造的居民提出可以给予一百万元以内资金补偿并与其交换房产后参与改造，604 业主仍不同意。后来通过内联组不断地邻里照顾和关心，604 业主态度逐渐缓和，通过交流得知，户主其实并不反对改造，但是自身的经济能力确实拿不出改造需要的资金。

按照《意见》规定，预制板房屋自主集资改造。根据厦门市 2017 年标准估算，一般预制板房屋改造建造成本约为 3000 元 /m²，加上政策优惠的 10% 套内增加面积，改造后 60 号楼建筑面积共约为 2100m²。据此估算，每户业主需要支付约 26 万元的建造成本。[①] 虽然建造成本远低于市场价，但对于经

① 数据来源：梁玲燕. 区分所有住宅更新的困境与对策探索 [D]. 厦门：厦门大学，2017.

济存在困难的 604 业主确实难以负担，加上其不愿意接受其他户主的直接摊钱捐助，资金筹集问题成为 60 号楼自主改造中的第二道难题。

这时常说的"市场机制"开始发挥作用。首先，以 60 号楼 203 业主纪先生为代表成立厦门广得居咨询管理有限公司（图 6-61），604 业主同意和公司建立债权关系；其次，抵押增容的 10% 套内面积产权给公司以获得改造费用，此债权关系不可以再转让给第三个自然人，但可以转让给银行或政府；再次，改造后房屋为共有产权，不影响使用面积前提下共有产权体现在产权证上，原来房屋面积产权人不变，增容的 10% 面积产权人为广得居公司。最后，改造后 604 业主通过定期还款的形式赎回产权以获得完整产权，或是在房子上市交易时，由房子新产权人一次性补足 10% 面积的费用获得完整产权。至此，经过长达 2 年的协调与组织，60 号楼所有业主终于完全达成改造意向。

图 6-61 厦门广得居咨询管理有限公司 营业执照
（图片来源：作者自摄，材料由原湖滨一里 60 号楼 203 业主纪先生提供）

2. 外部：审批与实施问题

集合产权物业更新遇到的第三个难题，就是政府行政审批。在《意见》出台前，集合物业审批没有报批的路径，由谁来代表整个物业报批也尚不清楚。《意见》出台后，自主改造活动中应当遵循的流程也随之确定。根据《意见》，自主改造工作应由产权人主导，其建设单位是业主委员会，或该栋楼的全体房屋所有权人，或接受该栋楼全体所有权人委托的具有资质的法人单位。改造方案报经相关部门批准后，由建设单位自行委托具有相应资质的房地产或建筑企业作为代建单位按照基本建设项目程序组织施工。至此，集合物业自主改造的前期通道，在理论上都已全部打通。

但最后，这一更新模式功败垂成的主要原因仍然来自政府。虽然所有业主完全达成改造意向，但由于《意见》试行有效期 2 年年限已到，厦门市政府有关部门没有重新进行年限延长，60 号楼自主改造的试点最终没有成功进行，也因此没有到真正审批和实施的环节。但直至 2019 年，在文件失效后的几年间，60 号楼业主的努力仍在继续，他们通过对有关部门进行上访以期能够继续推动自主改造的实施。在对有关部门的上访和沟通过程得知，当时《意见》里对于建设条件的扶持力度较为宽大，比如"政府负责改造方案设计并承担施工图设计费、加装电梯的补助费用、改造代建费用、给水排水、供电等市政增容费用"等涉及资金相关政策，在实际操作中也会遇到审计困难。而更主要的原因，是政府后来对于湖滨片区采取政府主导的"成片改造"模式，和 60 号楼自主

图 6-62　湖滨片区以大拆大建、增容为核心的成片改造方案（图片来源：厦门市思明区政府网站公示）

改造模式相冲突，这一先锋性的城市更新探索也就此淹没在依赖土地财政、大拆大建的传统模式中（图 6-62）。

6.9.3　启示与策略

1. 城市更新存在自发动力

无论是 60 号楼的自主改造还是如今杭州多个小区业主为了提升或保住房价自主改造小区，这些探索都证明了老旧小区并不是只有依赖政府主导改造才能完成，居民可以通过市场途径负担更新的主要成本。在 60 号楼自主改造的过程中，无论是内部还是外部问题，都与资金问题息息相关。事实上资金问题，不仅是老旧小区更新，也是城市更新的首要以及核心问题。居民自主更新可以极大地减少"大拆大建、增容回迁模式"带来的征拆矛盾、融资压力和公共服务缺口加大等难题，最后一点尤其容易被更新项目所忽视。自主更新是原业主自行出资，其较少依赖公共财政，也无需招商引资。因此，即使最终由于政策制度的相关原因没能继续推行，60 号楼业主们用自己的尝试和方法突破了自主更新的困境，以及对于"共有产权"的探索，这些对于解决资金问题都极具价值和启示。

2. 政府通过制度和资本激励自主更新

60 号楼业主们对于自主改造有非常高的热情和积极性，其最大的动力来源于《意见》中"在周边条件允许的条件下，可适当增加每套套内使用面积，但不得超过原面积的 10%" 这一规定。
按照改造当年 2017 年厦门市思明区一
手房成交均价 5.8 万元 /m²[①] 计算，一
套 70m² 的住宅增容带来的面积按 7m²
计，改造后每户至少获得价值 40 万元
的新增物业足以覆盖改造成本 26 万元。
而居民自主改造后的收益除了增容带来
的增值，还有改造后房子整体的升值。
所以 60 号楼业主们愿意自行出资、组
织、协调并推动相关事宜。如果以政府
为主导成片改造，按照计算以约 4.7 万
元 /m²[②] 赔偿一套 70m² 的老旧住宅拆
迁成本至少要 329 万元（图 6-63），
再加上建安 3000 元 /m² 的费用，总成
本还要增加 21 万元，在不考虑增容配
套的情况下，仅这些费用这个住宅的更

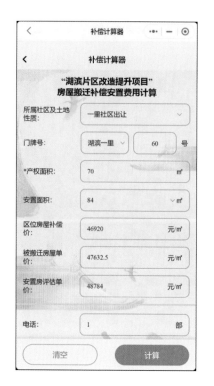

新成本就已经高达 350 万元，而自主改造只需要业主支付建设成本 26 万元。

图 6-63　"湖滨片区改造提升项目"房屋搬迁补偿安置费用计算器小程序
（图片来源：作者于湖滨补偿计算器小程序截图）

　　因此，政府通过设计奖励机制，例如《意见》中的改造后允许适量增容、
政府负担一些公共区域更新费用，或是本书"南京小西湖案例"中（详见第 6.6
节）改造后可接入微型管廊等公共服务等政策——将业主提升物业价值的动力
转化为城市更新的财力，将单一依赖政府的更新模式转化为政府与民间共同更
新的模式，从根本上解决旧城更新的资金来源问题。

3. 居民有自发市场创新的能力

　　为了克服制度障碍，减少交易成本，60 号楼业主成立的广得居公司和资
金不足的业主之间的债权关系的尝试，虽然因为后期《意见》到期没有推行成功，
但这个解决方式的内在逻辑已经很明显，可以通过共有产权的方式，利用增容
带来的面积进行抵押获得改造的资金。只是当时不具有政策规定，业主们只能
自行设计和约定。

---

① 数据来源：厦门中原研究中心，详见：早眼观楼市 .2017 年厦门房价涨跌榜！六区最新房价出炉！
74% 的房被本地人买走 [OL]. 搜狐网，2018-01-12.
② 厦门市湖滨片区改造提升项目国有土地上房屋搬迁补偿安置方案，根据"湖滨片区改造提升项目"
房屋搬迁补偿安置费用计算。

因此，如果要更好地推行自主改造方式，一定要辅助很好的融资工具或政策，解决自主改造中业主自身的资金问题。银行可以设立较低的更新贷款利息，允许自主改造业主可以将增容面积进行抵押融资，在产权证上给予表明，必须偿还本金和利息获得完整产权后房产才能交易。同时，政府可以设立资质审核通道，给予类似"广得居"这样的公司进行产权抵押和共有的权利，并限定转让对象，激发民间资本活力。以此，探索创新国有资本和民间资本自主改造的融资途径。

4. "中介组织"降低更新协调成本

集合式住宅改造由于产权分散，难度一向比"一户建"要大得多，各地政府目前并没有一套相适应的制度政策与之相匹配，也缺乏一个统一的组织进行协商领导。虽然自主改造强调的是居民自发自主，但相对于居民自身而言，协调、报批、建安、监理等这些步骤如果都是由居民自己来探索和建立，成本就会非常巨大。在 60 号楼长达 2 年的协调过程中，业主们虽自发形成了协调组织，但由于主体过多而且没有明确的协商规则，在内部协商和外部协商的过程中结果不断反复和互相影响，极大滞缓了改造进程。事实上，如果想要提高居民参与自主改造的积极性，就要极大地降低居民在自主改造过程中程序介入所带来的成本。

60 号楼业主当时成立注册公司初衷是出于对 604 户主资金不足的考虑，随着改造的进程，业主们后来也在探索是否可以由这个公司代表所有业主进行自主改造的全过程代理，只要业主们同意和公司签订一个委托旧改协议。这时候就把分散的"个人"通过协议的方式组织成一个"机构"，由这个机构来处理内部的协商和外部的协商问题，降低居民个人介入的时间成本和精力成本（图 6-64）。这其实是 "改造中介"的原型，只是这个机构应当获得政府的相关资质，通过建立格式统一化的旧改协议，居民如果同意旧改，只需在协议上签字，后续由"改造中介"介入并全权负责完成改造程序，包括所有的报批、设计、建设、监理、验收、办产权证直到交房整个流程，提供"交钥匙"服务。当时 60 号楼在不具备这个组织机构的情况下自发探索形成了这个"中介"的雏形，但是由居民自发形成的"中介"必然不够专业和不熟悉流程。之所以要具备政府相关资质，是为了将这个"中介"的作用发挥到最大，将自主改造的周期和介入成本减少到最小，快速推动自主改造的完成。

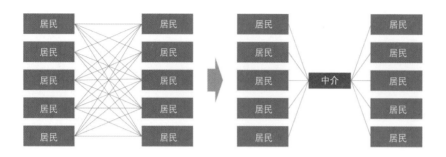

图 6-64 "中介"可以极大降低
协调成本，增加效率
（图片来源：作者自绘）

6.9.4 结语

第一个先吃螃蟹的人总是最困难的，60 号楼业主先驱式的探索，即使失败也具有宝贵的探索价值。它所代表的自主改造模式，很可能会成为未来主流的更新模式之一。这一探索表明，市场并不缺乏愿意并且能够自主更新的业主，而是缺失相应的政策和制度设计。无论中国历史上城市还是世界其他城市，业主自主更新都是城市更新的主导模式。目前政府主导的旧城更新，乃是"土地财政"的一个变种。随着城市增长模式的转变，靠"卖地"融资的路径越来越难以持续。而 60 号楼改造所代表的模式一旦成功，就可以通过复制，开启中国老旧小区改造的新篇章。

致谢：特别感谢厦门市湖滨一里 60 号楼业主纪先生对本文的帮助。

CONCLUSION

结论篇

赵燕菁　沈　洁

第 7 章　增长转型最后的机会——城市更新的财务陷阱

导读

随着城市化 1.0 阶段进入尾声，"城市更新"正在取代"成片开发"成为助推经济增长的新一级火箭。本书通过剖析实际案例，希望从财务的角度为正在开展城市更新的城市提供借鉴。每个城市的案例不会完全相同，不同的读者从本书案例中找到的答案也不相同。甚至同一个案例中，不同的读者得出的答案也不相同。在本书即将出版之际，丛书主编认为有必要从一个更高的维度，再次讨论一下城市更新的财务问题，让那些还没有进入城市更新的城市从一开始就避开错误的城市更新陷阱。作为终章，目的就是在本书案例的基础上，澄清当下更新模式所面对的财务陷阱，安全地渡过这一段"最危险的水域"。

7.1　背景

如果把土地视为城市的石油，中国大部分城市都是"资源型城市"，地价上涨，城市繁荣；地价下跌，城市萧条。这很像俄罗斯的经济，增长还是衰退，全看油价的涨跌。但石油终有被新能源替代的一天，城市化的结束也将终结土地的需求。能否实现向新能源的转型，决定了资源型城市的生死。同样，能否摆脱土地依赖，也决定了中国大部分城市在城市扩张停止后能否存活。当转折来临的时候，能否将"最后一桶油"转变为新能源，对资源型城市生死攸关。对大多数城市而言，能否将"最后一块土地"的收益转换为能带来持续收益的资本，也决定了其在城市化转型的生存状态。不幸的是，很多城市都在"城市更新"的幌子下挥霍其最后的资源。

于中国城市而言，"城市更新"并不是一个孤立的商业活动。表面上，城市更新就是把衰败的城市资产升级——更好的公共设施、更好的居住环境、更好的城市风貌等——但在其背后，乃是城市化从资本增长阶段向运营增长阶段的转型。完全不同的财务特征，使得两个阶段之间隐藏着一个巨大的财务鸿沟——跳过去，就是一马平川，晋升发达经济；跳不过去，就会万劫不复，经济再次打回原形。可以说，当前"城市更新"所处的位置乃是整个城市化过程最危险的一环，一旦出错，就无法修补。这也是中国的城市更新和其他经济体城市更新的最大差别。令人担心的是，现在有些城市采取的城市更新财务模式，正在消耗掉跨越增长鸿沟、实现增长转型最后的资本。

7.2　转型的财务含义

7.2.1 "转型经济"[①] 的财务特征

不谋全局者，不足以谋一域。中国的城市化，乃至整个经济，都快速进入从增量高速度向存量高质量的转型阶段。此时的所有政策，都必须放到转型这个大背景下进行思考。城市更新也不例外。从 2004 年开始，中国的"刘易斯拐点"[②] 开始出现，[③][1] 中国至今已完成的城市建成区的容纳力总体上已超过人口城市化需要，城市化 1.0 阶段几近完成，城市化开始进入以存量为主的 2.0 阶段[④][2]（图 7-1）。那么城市化 2.0 阶段和 1.0 阶段有哪些不同？

第一是"人口减"，城市化 1.0 阶段人口从农村大规模流入城市的趋势开始变缓，人口更多的是在城市间流动，越来越多的城市出现人口净流出；[⑤] 第二是"赤字增"，随着基础设施完成及升级，日常公共服务运营维护成本的支出增加超过政府一般性税收的增加；第三是"投资降"，城市基础及公共服务

---

① 本书所说的"转型经济"不同于以往所指的计划经济向市场经济的转型，而是指高速度增长向高质量发展的转型。具体讲，就是一个经济体从资本型增长阶段进入运营型增长阶段的切换点。
② 刘易斯拐点（Lewis Turning Point）由经济学家威廉·阿瑟·刘易斯提出，指经济发展资本增加速度超过劳动增加速度导致劳动力短缺引起的劳动工资不断上涨。在城市化上，体现为农村人口向城市迁移的结果。
③ 蔡昉认为"同在二元经济发展结束之前，有两个转折点（Lewis, 1972）。其中第一个转折点只需以劳动力出现短缺，以致产生对工资上涨的推动力为条件。而在学术界的讨论中，每当说到刘易斯转折点时，常常是指称这个转折点；第二个转折点则需要以农业与非农产业的边际劳动生产力达到相等为条件，一般被称为商业化点"。
④ 2015 年，中国建成区面积 5.6 万 km^2，加上工矿用地超 10 万 km^2，按照 $1km^2$/ 万人的宽松标准，即使 2015 年中国的城市化建设立即停止，已经建成的城市建成区也足以容纳 10 亿人口。但 2015 年之后中国的城市化并没有停止，到今天已经建成的城市建成区面积估计可以容纳 80% 的中国总人口。
⑤ 2018 年，在已披露常住人口数量及自然增长率的 237 个城市，146 个城市为人口净减少。其中有 43 个地级市常住人口增速为负，103 个地级市常住人口增速为正，但低于自然增长率，当地人口仍为流出。资料来源：周岳，张丽平 . 哪些城市人口在流出 [OL]. 微信公众号：岳读债市，2020-04-08.

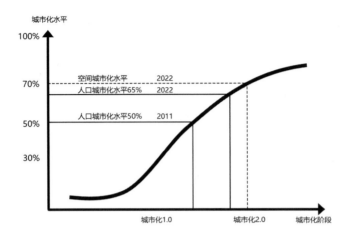

图 7-1 空间城市化水平实际高于
人口城市化水平
（图片来源：作者自绘）

建设基本完成（如"铁公基"[①]），可投资的有效项目变得非常稀缺，[②][3] 大量的资本型投资无处可投迅速降低（图 7-2）。

城市化 2.0 阶段的三个特征致使其具有和 1.0 阶段完全不同的财务条件：①"人口减"意味着对城市住房需求的减少，1.0 阶段非常稀缺的土地不再稀缺，靠卖地为基础设施投资融资这一最主要的途径不再可行；②"赤字增"意味着以税收为核心的财政收入，成为城市财政是否可持续的关键，如果政府不能确保财政收入增长超过财政支出的增长，城市就会逐渐走向衰退；③"投资降"意味着城市不再需要更多的资本型投入，城市会因"项目荒"无法借贷，货币就无法进入流通支持本地消费。

为了满足 2.0 阶段的财务条件，城市更新就有了一个更根本的目标——创造可持续的财务现金流。以税收为核心的城市"营收"则成为一个城市财政的终极目标。一个城市更新项目，无论改造后多么光鲜靓丽，无论本身是否平衡，只要不能给城市带来新增的财政收入，甚至相反，导致税收支出的增加，那它在财务上就是一个失败的项目。按照这个衡量标准，现在大部分城市更新的财

---

① 铁公基：铁路、公路、机场、水利等重大基础设施建设，泛指由政府主导的大规模投资性建设。以交通为例，党的十八大以来的 10 年，中国铁路、公路增加里程约 110 万 km，相当于绕行地球赤道 27 圈半；铁路固定资产投资累计超过 7 万亿元，增产里程 5.2 万 km。截至 2021 年底，公路网密度达到每百平方千米 55km，比 2012 年增长 24.6%；新建、迁建运输机场 82 个，机场总数达到 250 个，全国机场总设计容量超过 14 亿人次。资料来源：新华网 . 这十年，看中国基建 [OL]. 中国日报网，2002-08-02.
② 辜朝明认为，政策制定者的最大挑战，是要找到社会收益率大于政府债券收益率的基础设施项目。因此其建议，应该对标具有政策独立性的央行，组建一个具有政策独立性的投资委员会，帮助政府遴选出值得投资的优质项目。尤其是有回报（现金流）的投资项目，没有回报的投资会积累大量的可变成本：折旧、利息、债务……并最终导致经济崩溃。如今再进行一轮新的公共基础等设施投资，边际效益会急速下降。

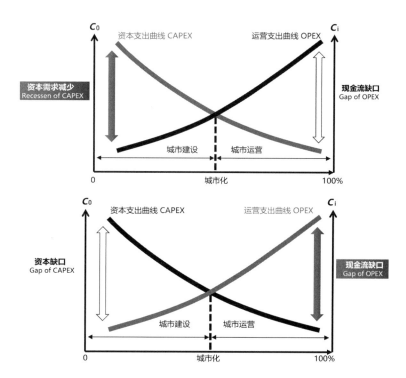

图 7-2 城市化尾声，投资需求减少，卖地收入减少，财政支出增加，预算急剧恶化[4]
（图片来源：作者自绘）

务都不合格。高速度增长容易，高质量发展难。城市更新如果再延续增量时期的开发套路，在转型的背景下必将陷入财务深渊。不仅无法实现城市增长转型，反而会导致政府财政赤字扩大，负债不断增加，最终陷入"庞氏循环"。这就是"转型"时期城市更新所面对的特殊风险。

7.2.2　从资产负债表转向利润表

城市化 1.0 资本型增长阶段，本质上是建立城市资产负债表，对应的是"土地金融"。中国这一阶段与其他国家最大的区别，就是通过城市土地的国有化，在一级土地市场为城市政府凭空创造了巨大的所有者权益（Equity）[5]——由于政府投资的公共服务大部分是无偿或低收费的，其剩余价值都外溢到国有土地上，体现的就是地价的上升。① 这使得土地在市场上成为非常安全且高流动性的资产，城市政府可以将土地作为抵押品，为公共产品（七通一平、机场港口、学校医院……）融资（Liability），也可以通过土地招拍挂"卖地"出让股权（Equity），获得土地出让金投资公共产品。这些公共产品建成后形成政府的资产（Asset）并和负债/所有者权益一起，共同形成城市政府

---

① 中国没有健全的财产税制度，公共服务的价值外溢都会投影到土地的价值上，公共服务的水平越高，土地的价值（地价）也就越高。

的资产负债表。如果我们把政府视作一个企业，那么土地，特别是具有高流
动性的居住用地，就是城市政府的"股份"，土地招拍挂的本质就是城市政
府的"股权融资"。

由于城市土地完全覆盖在城市公共服务之下，公共服务的资产大部分由
城市政府垄断提供，土地上所有因为公服带来的价值本质上都属于城市政府，
这就是乔治亨利——孙中山"涨价归公"的理论基础。[5] 通过"土地金融"，
建成城市公共服务和基础设施（Asset）后，城市化就会转入 2.0 阶段，
也就是运营型增长阶段，这一阶段本质是维持城市利润表，城市的运维需要
大量财政收入（Revenue）来支持其日常运转费用（Cost），对应"土地
财政"。

城市的资产端和负债端必须维持相等。[①] 如果城市公共服务的收益大于支
出，这些资产就是正资产，所有者权益增加，资产负债表扩张，城市就会不断
升级；如果收益少于支出，公共服务就是负资产，城市就必须变卖其所有者权
益弥补缺口，资产负债表就会收缩，城市随之衰退。财政收入减去财政支出形
成财政盈余（Profit），财政盈余必须大于等于零，否则就是常说的"财政赤字"。
这就是会计三大报表中的利润表（或损益表）。城市化的转型从财务角度讲，
就是城市政府从建立资产负债表为主，向以维持利润表为主的转换（图 7-3、
图 7-4）。如果说高地价是高速度增长的函数，那么高利润就是高质量发展的
函数，高利润的前提是高收益。

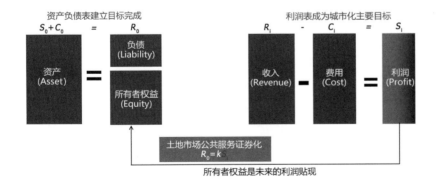

图 7-3　城市资产负债表和利润表
的联动关系
注：左侧为城市化 1.0 阶段"土地
金融"，建立城市资产负债表；右
侧为城市化 2.0 阶段，"土地财政"，
维持城市利润表。
（图片来源：作者自绘）

[①] 资产负债表左右两端相等，资产 ＝ 负债 ＋ 所有者权益，称"会计恒等式"。

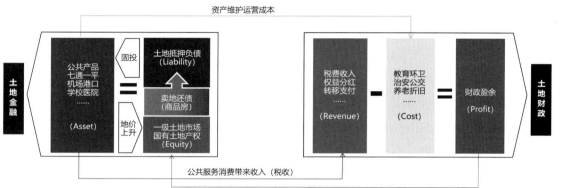

图 7-4　城市资产负债表（土地金融）和利润表（土地财政）的联动关系

7.2.3　资本市场迁移

对于城市政府，收益（Revenue）主要来自税收。大部分西方国家城市政府是通过直接税，以征收房产税等获得财政收益，而我国采用间接税，主要通过企业获得[①]大部分财政收益。[②]由于中国是依靠股权融资，在土地招拍挂时已经将土地 70 年的未来收益贴现，在相当长的时间内很难转向以财产税为主的直接税，[③][6] 这就决定了中国城市化转型中必然采取与其他国家不同的财务路径。在发达国家，因为有财产税，每一栋物业（包括住宅）都是"税源"，物业越多税收越多；在中国则相反，物业的增加不仅不会带来税收的增加，为居民提供的公共服务增加反而导致财政支出的增加。在多数发达国家，企业的作用是创造纳税人；在中国，企业则是税收的直接来源。

这就是为什么"招商引资"在中国城市化转型中具有极其重要的意义。未来中国城市的竞争，必然是各城市企业间的竞争，来自企业税收的多少，决定了城市能否生存。由于企业金融依托的主要是股票市场，因此，城市转型在某种意义上也是从土地信用向股市信用的转变。所有城市更新的模式也必须放到转型经济的背景下审视——有助于政府利润表的，就是好的更新模式；不利于政府利润表的，就是不好的模式。

---

① 企业部门是中国主要的纳税主体。对我国税收的各个税种按照主要纳税人的不同进行简单划分，可分为企业主体、个人主体、企业和个人双纳税主体。根据我国 2015—2019 年企业和个人纳税额进行比较，企业为主要纳税主体的税收比重占比 77% ~ 78%，个人主体占比 7% ~ 9%。数据来源：《中国统计年鉴》《中国财政年鉴》。
② 地方政府财政缺口部分往往需要中央政府转移支付来弥补。美国联邦政府主要依靠所得税，也以直接税为主；中国政府主要依靠增值税和其他共享税，主要也是间接税，直接税占比很小。
③ 赵燕菁 . 房产税试点需要注意的几个问题 [OL]. 财新网，2023-04-21.

7.2.4 "最后一桶金"

在公共服务大多是刚性支出的条件下，城市利润表（也就是政府的财政收支）能否平衡的关键，就是能否从企业获得足够的税收。企业强，则城市强，这是中国特定的税收制度所决定的。而企业的强弱取决于资本的强弱。在资本市场上，土地价值越高的城市，相同的企业估值也就越高，城市政府向本地企业注资的能力也就越强。[①] 随着城市化 1.0 阶段的结束，城市重资产的基础设施基本建完，人口稳定后，土地的需求也随之减少。

土地是中国大多数城市唯一的"资源"，如果这些城市不能在土地需求消失前将"资源"转变为可以带来永续收入的权益（Equity），未来就一定像那些资源枯竭的城市一样，在城市化上半场阶段结束时被淘汰。因此，在城市化转型阶段的边际上获得的土地出让金，与之前获得的土地出让金完全不同——它乃是城市化的"最后一桶金"。如果被轻易消耗，再想向其他资本市场迁移转型就会变得极端困难。现在，大多数城市更新动用的就是这"最后一桶金"。如果这一次城市更新不能将这"最后一桶金"转变为可以带来永续收入的权益，城市就会陷入长期的资产负债表衰退，进而在城市化下半场出局。

理解了城市增长转型的内在关系之后，我们可以对"好的城市更新"作出三个判断。

第一，"好的城市更新"一定要最大化土地的净资本收益。这意味着要最大限度地压缩征地拆迁成本。城市更新攫取的收入，本质上是公共服务增值带来的外溢价值。设想一块住宅用地，当初出让时，公共服务只能支持 1 的容积率和 100 元的地价，随着城市基础设施的改善，可以支持的容积率提高到 2，单位容积率价值上升到 200。如果政府用 200 元从原住民手中赎回土地，再以 400 元的市价出让，就可以回收新增公共服务带来的溢价 200 元。这 200 元就是城市更新带来的净资本收益。由于没有新增的公共服务支出，土地收益就可以完全用来投资企业，一次性的资本型收益转为可持续的税收和分红。如果城市更新的模式不能将赎回土地的成本控制在 200 元以内，净资本收益就会减少。很多人以为土地出让只要能覆盖城市更新的所有成本就意味着财务平

[①] 在中国现行的土地和财税制度下，土地是中国城市政府可以凭借的最主要的融资工具。地方政府垄断一级土地市场，通过土地"招拍挂"获取推进城市化的金融资本，在这种制度下，越是地价高的城市，地方政府利用土地融资的能力也就越大，获取融资越容易。而在资本越密集和便宜的地方，越容易孕育企业。

衡，这是完全错误的。政府在更新中失去的新增容部分的资本收益 200 元，就是城市化转型的"最后一桶金"。只有能将这 200 元收回并转变为能带来持续收入的"权益"（Equity）的城市更新，才是"好的城市更新"。①

　　第二，"好的城市更新"一定要避免城市存量资产价值的贬损。在城市化转型的边际上，新增的土地供给很容易超过新增的土地需求，其直接后果就是存量资产（二手房价和租金）下跌和新增供给去化周期的延长。一旦这两个征兆开始出现，城市就不能继续新增供地，否则会导致城市居民、企业和政府手中的资产都开始贬值。如果整个市场预期不动产价值会继续下跌，就会出现资产抛售，如果下跌后的资产依然没有人接盘，房地产市场就会失去流动性。所有市场主体的资产负债表都会因此萎缩。由于银行很多抵押品都源于房地产的信用，房地产市场失去流动性就会触发金融系统风险。对于没有新增房地产需求的城市，"好的城市更新"就不能建立在"增容"的基础上。千万不要以为需求有保证的一线城市的做法，每个城市都可以仿效。

　　第三，"好的城市更新"要最小化未来政府预算支出的增加。就算城市更新获得的土地收入能成功转变为可持续的收入（税收和企业分红），但只要这部分收入小于由城市更新带来的新增预算支出，就依然不是一个"好的城市更新"。一般性公共支出是人口的函数，只要更新后人口比更新前更多，就意味着更多的老师、医生、司机和警察等公共服务供给增加。"好的城市更新"应当无需依赖新增人口，至少带来的新增人口越少越好。新增人口往往是新增容积率所致。当城市更新一定要增加容积率时，也要尽量少增或者不增户数。政府的运营支出（Cost）带来的财政缺口乃是进入城市化下半场所有城市最大的挑战，"好的城市更新"应当是有助于缩小这个缺口，而不是扩大这个缺口。

　　总之，"好的城市更新"要能最大化财政利润表的净收益。简单讲，就是最多的财政收入，最少的财政支出。如果因为城市更新导致净收益减少甚至变为负收益，就是一个"坏的城市更新"。一个更新项目的全周期，最终必须实现其对城市财政的正盈余，不能损害城市财政，否则利润表亏损最终导致城市资产负债表收缩。如今大多城市更新项目，②对其财务平衡的判断，只停留在建立资产负债表的第一阶段，即"卖地"能够覆盖其更新的一次性成本投入。但是当城市更新项目建成之后，第二阶段利润表的财务平衡才真正开始。如果

① 显然，如果用这个标准来衡量，现在的部分城市更新很难合格。
② 尤其是以增加容积率进行平衡为核心的大拆大建城市更新项目。

一个城市更新项目，没有实现全周期的两阶段平衡，最终必然会踏进城市更新的"财务陷阱"。

7.3　成片更新的财务风险

7.3.1　三大陷阱

按照"好的城市更新"的三个基本判断，就会发现当下城市更新至少在以下三个位置暗藏巨大的财务陷阱（图7-5）。

第一，征拆陷阱。增量时期城市建设，土地征收大部分是征收农村土地，这些土地没有完善公共服务，这时农地的征收价格较低。[①]地方政府征收土地后配建基础设施公共服务，地价升值后通过卖地高地价和征收低地价之间的差额（土地出让净利润）把基础设施等成本回收回来，还能有净剩余招商引资。但进入存量更新后，征拆是赎回包含了当前公共服务的"股份"，不仅没有了配套公共服务再出让的增值空间，很多情况下不动产所有者还会索要远高于土地市场价格的"溢价"，结果是政府不仅不能回收拆旧建新的成本，还必须新增容积率来平衡溢价回购带来的超额补偿。

图7-5　城市更新的三大财务陷阱
（图片来源：作者自绘）

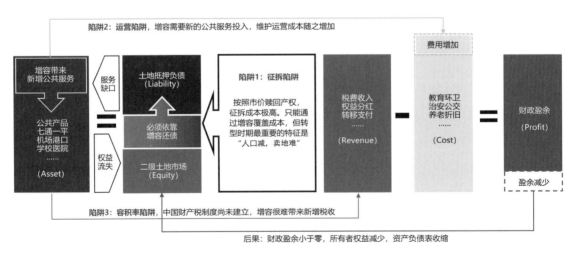

———————————
[①]甚至在征用农村土地时一般都会先征用耕地等征用成本和难度较低的农用地，留置绕开村建设用地，以实现成本更低、时间更快地获得城市发展所需要的建设用地。

第二，运营陷阱。如果住宅用地的增容收益不能用来投资企业获得新增税收，就意味着政府的财政收入不仅不会增加，反而因新增的人口户数需匹配更多公共服务带来更多的财政支出，城市政府的赤字就会进一步扩大。为了弥补财政缺口，就只能卖地或举债。但无论哪种方式，都意味着负债端开始萎缩，资产端就会同步收缩——所有资产都会因为闲置、荒废而贬值——以满足资产负债表两端恒等。没有了土地需求的城市，就会像煤矿挖光的资源型城市一样"鹤岗化"——公共服务水平下降，企业倒闭，人口外流。现在很多城市更新项目看上去似乎都可以"平衡"，但只要把利润表和资产负债表放到一起进行全周期考核，就会发现这些项目的缺口实际上都转移到了财政赤字。这样的更新项目不仅不会带来城市的增长，反而会诱发城市的衰退，干得越多，衰退越快。

第三，容积率陷阱。城市更新财务平衡最容易犯的错误，就是通过增容实现财务平衡。在很多人看来，任何更新项目只要规划给的容积率足够高，最终一定可以实现平衡。之所以会出现这样的"容积率幻觉"，[7] 就是因为不理解容积率的财务本质。容积率相当于城市的"股票"，是城市政府的所有者权益（Equity）。提高容积率就相当于增资扩股，只要不能带来新收益（税收），就一定是以稀释现有"股权"为代价，具体体现为城市不动产价值的下跌。目前大部分依靠容积率平衡的更新项目，都无法带来更多税收，有的甚至带来负的税收（更多支出），这意味着城市更新不仅没有形成新的资产，反而形成大量负资产。而这些被原住民和开发商一起"瓜分"的所有者权益，本来是城市用来实现增长转型的"最后一桶金"。

7.3.2 典型陷阱 1：城中村改造

很多人都会在潜意识里把"城中村"视作和国外贫民窟一样的城市"肿瘤"，必欲除之而后快。两者虽然形态类似，也都游离于正规的规划管控之外，但在城市财务中的角色却完全不同。[8]

第一个差别是产权造成的。贫民窟没有合法产权，无法以任何形式进行交易；城中村是集体产权，由于没有像商品房那样为公共服务提供融资，所以不能进入土地市场交易。但当政府征拆时，集体产权的住房几乎是按照商品房的价值赎回，甚至集体土地上的"小产权"也获得高额赔偿。集体土地和国有土地在市场估值上有巨大落差，这也是农地征收政府配套后再出让回收投资的重要途径。但在农房征收时（尤其是宅基地住房），政府基本上无法通过再出让实现平衡——这也是为什么城中村改造最后大都走上了增容平衡的模式。而只要"增容"就会以拉低房价、公共服务"拥挤"等方式稀释存量资产的所有者权益。

　　第二个差别，主要是因为中外税收制度不同导致的。国外公共服务大多是通过直接税定价，以财产税的模式向公共服务的使用者收费；中国公共服务则主要是通过间接税，向第三方（主要是企业）收费。因此，贫民窟是城市公共服务纯粹的搭便车者（Free Rider）；城中村则通过给第三方就业者提供廉价居所降低企业用工成本，间接向城市财政作出了贡献。如果按照拆迁补偿、增容出让的模式改造，低成本集体产权住宅势必变为高价国有住宅，从而间接增加了第三方（企业）的运营成本。企业效益下降甚至外迁，则进一步恶化城市运营阶段的利润表，使政府财政缺口更加扩大。

　　正是因为中国特定财政制度，使得"城中村"成为不同于贫民窟的、具有重要城市功能的"器官"。在没有替代功能（比如低收入住宅）的情况下，简单摘除城中村，不仅不能解决城中村的问题，还极有可能导致财政"大出血"，给城市公共预算造成持久损伤，为城市财政留下不可逆的后患（图7-6）。最典型的例子就是昆明：依靠大规模增容开展城中村改造，导致烂尾楼遍地，宝贵的土地收益被挥霍一空，昆明再也无力跨越城市化两个阶段之间的鸿沟。与昆明相对应的是厦门曾厝垵、西安袁家村，以及东莞金泰村（详见第6.7节）的自主改造，政府没有大规模增容，几乎完全依靠市场力量完成了从物业出租向城市新功能的升级。

图7-6　城中村改造的财务陷阱示意
（图片来源：作者自绘）

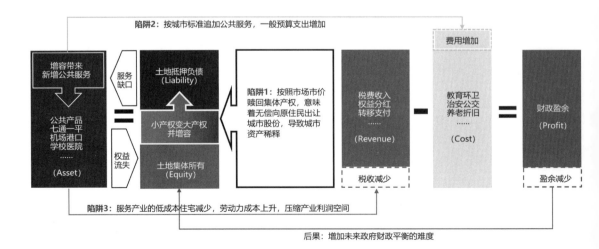

7.3.3 典型陷阱 2：老旧小区改造

老旧小区相对城中村较少承担类似租赁性保障住宅的功能，但其改造与城中村改造类似，大多是采取"大拆大建、成片改造"的模式。首先，必须要在市场上向原住民溢价赎回已经获得的完整产权。高昂的征拆成本决定了老旧小区改造仍旧只能是依靠"增容—卖地"来平衡，拆迁补偿标准越高，需要的增容就越多。增容等于新增供地，城市化上半场接近尾声，能够卖出去的地越来越少。用于拆迁补偿的多了，用于投资企业创造税收的"最后一桶金"必然减少。如果过度供给土地，导致不动产价格下跌，整个城市已经形成的资产也会贬值。

"增容"必然需要新增人口，如果城市总人口已经趋近稳定，增加容积率要么没有人要，项目烂尾；要么就是转移城市其他较差的区位人口，引起其他区域人口减少陷入衰退。就算项目本身有足够的需求，但"增容"造成的公共服务和基础设施及其维护运营成本增加，同样会导致未来城市政府财政盈余减少，甚至赤字——老旧小区增容改造所形成的就是城市的"负资产"（图 7-7）。这种"负资产"项目越多，政府财政负担就越重，转型就越困难。如图 7-8中那些财政"自给率"低于 50% 的城市，很多都会在城市化 2.0 阶段失去竞争力率先出局。

对于大部分城市人口稳定甚至开始流出的城市，"增容式"的老旧小区改造要立即停止，而那些还有人口流入的城市也要非常珍惜谨慎地使用"最后容积率"，卖地收入要尽可能集中用于资本市场迁移。对这些城市而言，居民自主更新为主的模式应该成为老旧小区改造最主要的模式。

图 7-7 老旧小区改造的财务陷阱示意
（图片来源：作者自绘）

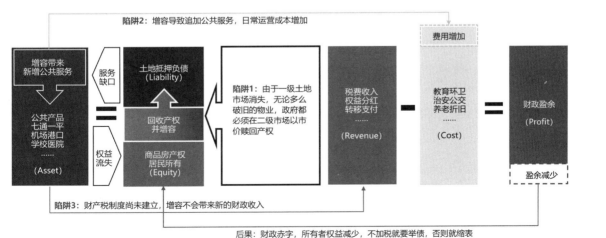

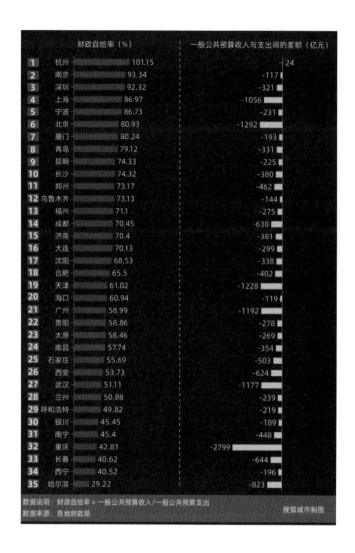

图 7-8　越来越多的城市财政无法"自给"需要仰仗中央政府转移支付 [9]
（图片来源：2020 中国城市财政支出：上海总量人均双领跑天津大幅减支，杭州财政自给率最高 [EB/OL] . 微信公众号：搜狐城市，2021-03-16).

　　2014 年厦门市规划局和厦门市国土资源与房产管理局曾出台《厦门市预制板房屋自主集资改造指导意见（试行）》（厦规〔2014〕94 号），提出"业主自愿、资金自筹、改造自主"的自主更新模式，湖滨一里 60 号楼在实施的层次进行了有意义的探索①（详见第 6.9 节）；喀什则是政府和居民合作，在原拆原建没有新增容积率的基础上，保护和更新老城的同时，将老城改造成一个非常有特色的旅游目的地（详见第 6.5 节）。如果说厦门湖滨一里 60 号楼

① 60 号楼业主自主改造最大动力来源于《厦门市预制板房屋自主集资改造指导意见（试行）》（厦规〔2014〕94 号）中"在周边条件允许的条件下，可适当增加每套套内使用面积，但不得超过原面积的 10%"这一规定，按照厦门 2017 年标准，这些增加的套内面积就已增值 24.5 万元，而当时每套改造成本约 26 万元，改造完整套房子的升值远大于成本。政府则避免了"增容""增户"带来的权益支出和长期预算支出。政府需要做的是改革审批制度和标准，通过中介服务减少业主间的协调成本和施工、设计的组织成本。

是探索不依赖卖地融资的城市更新模式，那么喀什老城则是摸索出一套可以为财政带来持续收益的城市更新模式。

7.3.4 典型陷阱 3：退二进三

工业用地是存量城市用地中数量最大的土地类型之一。该类用地在城市财务中扮演的角色，就是创造税收和就业，在缺失财产税的制度下，其是城市政府利润表中收入项对应的主要空间。因此，任何工业空间的更新，都必须直接或间接带来更多的财政收入。凡是满足不了这一条件的工业更新，都是"坏的城市更新"。如果一块工业用地由于经营的原因或周边环境的原因无法提供承诺的税收，那就意味着土地使用者对政府违约。无论土地使用是否到期，政府都应有权按照工业用地的地价赎回残余年限的土地权益。

政府可以用该土地继续招商，新的土地使用权所有者接着纳税；也可以用于房地产高价出让，收益作为"最后一桶金"投资高收益的产业；还可以作为保障房定向供给高税收的产业……但就是不能让原来的土地使用权所有者无偿"退二进三"。所谓退二进三，不仅意味着工业用地使用权所有者被免除了税收义务，还可以将土地转为比工业用地价格更高的商服用地。这实际上是在变相鼓励投机者假借工业需求获取商服用地套利，从而挤走真正能带来税收的企业。现在很多城市商业、办公已经供给严重过剩，[①] 所谓 M0 用地之类的退二进三 [10] 起到了很坏的效应。

工业用地转商住用地应该是产业用地更新的高压线。如果要转，只能由政府赎回后重新出让，土地增值收益应当全部归政府。现在有些城市为了鼓励集约利用工业用地，允许工业用地拿出 30% 的用地作为居住用地补偿"上楼"成本。[②] 这样做要非常小心。因为房地产出让是一次性的，产业上楼最终要体现的是税收的增加，而税收是持续性的，一次性的卖地收入弥补不了企业上楼增加的持续性运营成本。但是时间上的错配，却让工业用地使用者可以通过房地产套现后，倒闭走人；一些理性的企业会拿 30% 房地产获得的资本型收益，

---

① 仲量联行发布的中国 40 城办公楼市场指数显示，截至 2021 年二季度末，全国重点城市中，有 9 个城市的甲级写字楼空置率水平高于 30%，面临较大去化压力；8 个城市处于 20% ~ 30% 的可控区间，北上广在 20% 以内。其中 40 城中空置率最高的是青岛，达到了 48%；此外，天津写字楼空置率达 42%，沈阳、郑州、武汉、长沙、厦门、西安、南京的写字楼空置率均超过 30%，一线城市中深圳写字楼的空置率也达到了 21%。
② 深圳市人民政府关于印发深圳市"工业上楼"项目审批实施方案的通知（深府函〔2023〕20 号）[Z]. 深圳市人民政府，2023-02-07.

迁到不用工业上楼的周边地区甚至东南亚以维持较低的运营成本。

大量的工业用地转变性质为商办用地（甚至转变为居住用地），都意味着所有者权益的流失。如果还进一步增容，① 流失的就更多，这些都是城市转型必需的"最后一桶金"。其次，工业用地转性和增容，也会带来公共服务维护运营的成本（也就是一般性财政支出）的增加。产业迁移税收减少，运维成本上升，这样"一升一降"，更新不仅没有带来财政盈余，反而导致预算赤字，给原本就过剩的商办用地雪上加霜，浪费了城市服务的升级以及产业迁移的宝贵机会。这样的工业用地"更新"模式，背后其实是巨大的财务陷阱（图7-9）。

"好的工业用地更新"应该遵循的规则：一是工业用地要从一次性收费转为持续性收费，出让取消年限约定，强化年租及税收要求，从中央政府层面取消工业用地一次性出让的强制性规定；二是从出价高者得转为租金高者得，通过拍卖年租或税收承诺的方式出租，用地到期后重新谈判年租；三是低效工业用地改造后必须带来新增税收和就业，锚定其改造后的现金流收入；四是停产退回残余年限租金后收回，若是企业税收不达标或是城市政府想要提前回收相应的土地，可以对剩余年限价值加以补偿后收回；五是谨慎对待存量工业用地

图 7-9   退二进三、工业用地更新的财务陷阱示意
（图片来源：作者自绘）

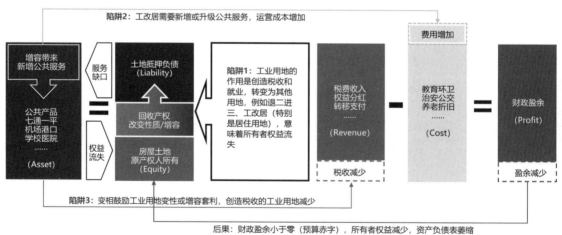

后果：财政盈余小于零（预算赤字），所有者权益减少，资产负债表萎缩

---

① 企业在获取工业用地时已经享受了巨大的"优惠"（极低的地价），但由于企业取得了土地出让年限内的"股权"，鉴于现有的工业用地出让合约存在缺陷，一旦其不能按照最初承诺继续贡献税收，政府还要以高于市场价格溢价赎回。结果很多企业尽管运营亏损，没有完成当初"承诺"的纳税义务，却可以在退出工业用地时再次从城市政府手中获得巨额补偿。

创造资本的机会，由于存量工业用地不占建设指标，产权重置成本也比已经资本化的住宅用地要低得多，存量时代的工业用地类似于增量时代的农地，在扣除必须用地后的多余用地其实就是政府的"准储备用地"，因此工业用地很可能是城市政府攫取土地资本"最后的晚宴"，在赎回闲置产业用地时要尽量压低补偿标准，为城市服务升级资本迁移创造机会。

7.4　广义的更新：资本市场的迁移

7.4.1　本质与目标

广义的城市更新，本质乃是城市资本市场从房地产市场向股票市场等其他资本市场迁移的过程。增长转型背景下的城市更新不仅要考虑能否最大化"最后一桶金"，还应当考虑这"最后一桶金"是否带来最大的一般性预算收入。鉴于中国是间接税为主的制度，税收主要来自于企业，城市化上半场卖的"最后一块地"所获得收入就不能流向不能改善政府税收的拆迁赔偿，而是要最大可能地投入能带来持续收入的企业。这意味着中国城市政府必须深度介入企业运营，分享企业增长，在市场中扮演与其他国家城市政府完全不同的角色。

企业是城市政府主要的税收（现金流）来源，转型时期城市政府的首要任务是要想方设法弥补运营阶段迅速增加的一般预算缺口。这个任务决定了城市更新的模式选择和目标。

目标一：城市更新的结果必须保护不动产市场的流动性，避免更新后大量新增房屋入市导致不动产贬值，只有保持最大化的净资本生成，才能为城市政府资本市场的迁移融资。目标二：城市更新后必须带来更多税收，尤其是制造业，通过资本市场的迁移注资企业，形成资产创造税收，增加财政收入。目标三：城市更新要控制公共服务维护运营的成本，尽量不增加城市政府为公共服务的支出，不会恶化未来城市政府的利润表（图 7-10）。

显然，传统以项目为单位的城市更新很难满足这些目标。这就需要把城市更新从一开始就纳入更大的城市转型进程中，也就是所谓的"广义的城市更新"。

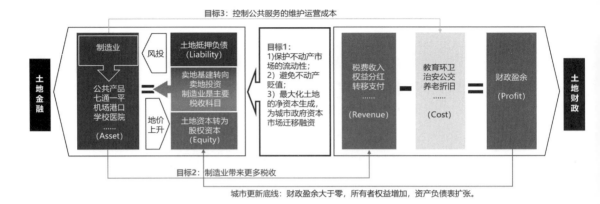

图 7-10　广义的城市更新示意
（图片来源：作者自绘）

7.4.2　典型案例：合肥逆袭

对于城市政府而言，卖地就像卖矿，如果城市政府不能从资源型城市转为资产型城市，迟早都会进入收缩。这方面的成功逆袭者，就是合肥市政府。

合肥市政府一开始就把城市更新作为更大的城市增长的一部分。现在被大家熟知宣传的是合肥市跳出老城，建立滨湖新区，通过市政府和省政府搬迁，成功为城市基础设施和投资头部企业融资的成功故事。但却很少有人注意到在此之前合肥市老城曾经有过一场全国皆知的"大拆违"。[①] 通过对老城违章建筑做减法，为滨湖新城创造了最初的需求。和昆明城中村改造的做法完全相反，合肥没有在老城大拆大建，而是通过拆违把违章建筑"窃取"的需求还原为新的容积率需求，然后在滨湖新城的国有土地上将"容积率"变现。为了最大限度抬高新城地价，滨湖新城不仅配套完备的基础设施，包括路网、绿化、中小学和医疗机构，还把市政府、省政府一起迁往新城，举全市之力将滨湖新城建设成为最高标准的新区。完备的公共服务配套使新区获得很高的一次性土地收益，成为合肥启动增长的"第一桶金"。

到此为止，合肥市和其他城市的新城建设还没有太大差别。真正让合肥市和其他城市拉开差距的，是其他城市用这笔钱又建了第 N 条地铁，又修了大广场、大马路、大公园、大剧院……而合肥市政府抓住了京东方这个对合肥

---

① 2005 年合肥开展大拆违专项工作行动，不到 1 年时间，合肥共拆除 1200 万 m² 的违法建设。拆违之前，合肥的城市建成区不过 200km²，城区人口也不过 200 万，各类违法建设的统计结果是 1750 万 m²，折算下来，人均将近 9m²。

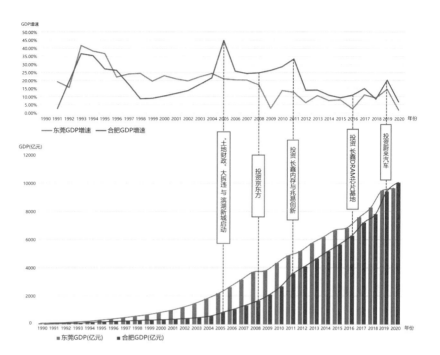

图 7-11 合肥与东莞 GDP 及其增速对比（结合合肥投资历程）
（图片来源：作者自绘）

白色家电产业至关重要的企业，开创了"注"资招商的新模式，待企业成熟成功上市，政府通过二级市场套现，然后再寻找下一个"潜力股"……采用这种模式，合肥市先后入股了京东方、长鑫/兆易创新、蔚来等知名企业。成功投资一个龙头企业，往往会带来一串相关企业，随着税收的增长，合肥逐渐摆脱对土地出让的依赖，2020 年先于珠三角明星城市东莞跨入万亿城市俱乐部（图 7-11）。

在主流经济学看来，政府应该少介入市场，要"国退民进"，但合肥市实践表明，政府和企业并不是"你进我退"的关系，而是"国进民进"。这是因为中国和其他市场经济国家不同，中国的资本市场是房地产市场而不是股票市场，城市政府是中国资本的主要创造者和所有者。在中国，城市政府才是"风投"的最佳人选。表面上看合肥市政府很像在"赌"，但实际上其抗风险能力远超其他市场主体，因为就算政府投资蔚来没赚钱，但只要能拉动动力电池等相关产业进入合肥，政府还是可以从其他企业获得税收。合肥的实践表明，广义的城市更新必须放到从土地财政转向股权财政这一大的过程中进行考虑，要把每一次城市更新都视作资本市场迁移的机会。新的玩法需要新的机制，对于城市政府而言，强大的国资委[①]是参与这一玩法必须建立的新机构；对于国家，

————————————
① 国有资产监督管理委员会。

巨大的股票市场就变得至关重要，没有足够的市场容量，根本不可能容下如此多的房地产资本。

7.5　结语

　　企业竞争归根到底，也是资本的竞争。在美国，强大的股票市场使得美国企业无需依赖房地产市场就可以获得足够的融资；而在中国，股票市场融资能力基本上可以忽略，真正的资本来源主要都是房地产市场。城市政府作为城市土地最大的所有者，怎样将土地资本转化为企业资本，决定了各个城市企业在市场上竞争的胜败，也决定了城市化能否成功从高速度转向高质量。只有那些能将资本市场从房地产市场成功迁移到股票市场的城市，在城市转型之际才能完成惊险的一跳。

　　城市化下半场是更残酷的淘汰赛。目前那些还能继续卖地的城市必须意识到，现在的土地收入既是他们土地市场攫取的"最后一桶金"，也是他们向股票市场迁徙的"第一桶金"。如果不能将其在新的资本市场转变为可以带来永续收益的权益，而是在错误的城市更新中将其消耗殆尽，他们的城市就会失去参加城市化下半场比赛的入场券。这对每一个城市都是"生死攸关"的一刻，如果不能及时识别城市更新背后暗藏的财务陷阱，一张错牌就足以让整个城市"万劫不复"。

本章参考文献

[1] 蔡昉 . 刘易斯转折点——中国经济发展阶段的标识性变化 [J]. 经济研究，2022，57(1):16-22.

[2] 赵燕菁 . 城市化 2.0 与规划转型——一个两阶段模型的解释 [J]. 城市规划，2017，41(3):84-93+116.

[3] 辜朝明 . 大衰退年代：宏观经济学的另一半与全球化的宿命 [M]. 上海：上海财经大学出版社，2019.

[4] 赵燕菁，宋涛 . 城市更新的财务平衡分析——模式与实践 [J]. 城市规划，2021，45(9):53-61.

[5] 赵燕菁 . 城市更新中的财务问题 [J]. 国际城市规划，2023，38(1):19-27.

[6] 赵燕菁 . 大崛起：中国经济的增长与转型 [M]. 北京：中国人民大学出版社，2023.

[7] 赵燕菁，邱爽，沈洁，曾馥琳 . 城市用地的财务属性——从用地平衡表到资产负债表 [J]. 城市规划，2023，47(3):4-14+55.

[8] 沈洁 . 中国城中村等于外国贫民窟吗？ [EB/OL] . 微信公众号：存量规划前沿，2023-05-05.

[9] 翟杨 . 2020 中国城市财政支出：上海总量人均双领跑天津大幅减支，杭州财政自给率最高 [EB/OL] . 微信公众号：搜狐城市，2021-03-16.

[10] 黄斐玫，王飞虎 . 深圳市工业用地十年——管理转型与更新热潮 [J]. 城市发展研究，2021，28(9):18-21+36.

APPENDIX

附

录

附录一　老城南小西湖历史地段微更新规划方案实施管理指导意见

　　近日，南京市规划和自然资源局等多部门联合印发了《老城南小西湖历史地段微更新规划方案实施管理指导意见》，主要探索"共商、共建、共享、共赢"理念下居住类历史地段城市微更新的操作路径。

探索背景 1

　　● 习近平总书记在广州考察旧城改造时指出，[①] 城市更新要突出地方特色，注重人居环境，更多下"绣花"功夫，注重文明传承、文化延续，特别是需不忘初心，以人民为中心，开展各项工作。

　　● 为更好地做好南京历史文化名城保护工作，做好居住类历史地段民生改善和人居环境改善，经市规划资源局、秦淮区政府等相关部门在多地调研、多方座谈、多轮研讨的基础上，于 2015 年启动门东大油坊巷历史风貌区（小西湖地块）保护更新的新路径探索工作。

　　● 逐步统一思想，坚定信念，放弃原先"一刀切"的拆除重建和全部征收方式；转向围绕民生改善、社区活力和融入现代生活目标，完成 127 个更新实施单元图则编制报批工作，创新提出按独立的院落或幢，采取"公房腾退、私房腾迁（或自愿收购 、租赁）及自主更新、厂企房搬迁"方式，疏减一部分人口，让更多的居民自己选择留下来还是搬离。

探索背景 2

　　小西湖地块占地约 4.69hm^2（约 70 亩），位于南京老城南地区，夫子庙与老门东景区之间，是老城南规模较大的传统民居集中区之一，也是南京市历史文化名城保护规划确定的 22 片历史风貌区之一。更新启动前现状房屋年久失修、环境衰败，市政公用设施严重不足，产权分散，公房、私房、单位代管房及厂房面积各占一定比例。

---

① 新华社 . 习近平在广东考察 [OL]. 中国政府网，2018-10-25.

经专家咨询，社会公示，并征询市规委、市名城委成员单位意见后，经市规委办会、市名城办会联合审议《秦淮区小西湖地块（大油坊巷历史风貌区）修建性详细规划及南京主城区（城中片区）控制性详细规划——秦淮老城单元NJZCa030-59规划管理单元图则修改》，市政府于2020年04月正式批复。

实施指导意见主要内容

1. 政府主导，多元主体共建微更新

实施范围：东至箍桶巷、南至马道街、西至大油坊坊巷、北至小西湖路。

实施主体：由秦淮区人民政府指定区国资平台为实施主体，该实施主体负责前期规划设计、土地及房屋整理、资金筹措、异址（平移）公房建设、运营管理及市政公用配套设施建设。

私房产权人、承租人（经产权人授权同意）根据《秦淮区小西湖地块（大油坊巷历史风貌区）微更新规划设计方案》（以下简称《小西湖方案》）确定的图则进行更新。

社区规划师制度：由实施主体会同市规划资源局联合面向社会聘任具有古建、建筑、规划、文物等相关专业背景、热爱社区营建工作的社区规划师，具体负责更新实施单元方案设计指导、方案协商及报批组织、方案实施现场监督等工作。

五方协商平台：建立多元主体参与的五方协商平台，负责审核更新申请、更新方案和竣工验收。由实施主体提供固定公共场所，社区规划师负责主持和记录。

2. 公众参与，多元主体共建微更新

公房腾退：公房实施腾退，其承租人凭公房腾退合同，自愿选择按现行征收政策实行的货币补偿或保障房安置方式；符合现行公房承租政策的（无其他住房且自住的），可选择历史地段内异址（平移）公房安置方式。

异址（平移）公房安置选房办法。按照"统一建设、统筹安置、先搬迁先选房、安置面积最接近（扣除新增厨房、卫生间面积）"的原则协商选房，并

重新签订承租合同。

异址（平移）公房安置套型。单户使用面积一般控制在 20 ~ 60m² （按批准方案）。

单位自管公房腾退参照直管公房腾退政策执行。

私房自我更新或腾迁：私房产权人可根据《小西湖方案》对自有房屋（含住宅、商业等性质）进行修缮加固、翻建、改扩建和使用，也可自愿选择按现行征收政策实行的货币补偿或保障房安置方式，由实施主体收购，或按市场评估价协商长期（不少于 5 年）租赁，私房居民腾迁后，实施主体须严格按《小西湖方案》确定的建筑功能进行运营管理。

厂企房搬迁：（厂）企房实行征收搬迁，由实施主体申请办理征收手续，完成土地整理。

3. 土地流转
整理后的用地：涉及规划社区服务、文化展示、教育等公共服务设施用地的，由实施主体按程序立项、公示、报批后实施。

规划住宅、商业等经营性用地的，具备公开出让条件的，应以院落或幢为单位，带保留建筑更新图则进行公开土地招拍挂。

涉及娱乐康体用地的，可按程序带保留建筑更新图则协议出让给实施单位。

涉及实施主体收购的房屋及附属用地，可直接进行产权关系变更。

涉及建筑面积、建筑使用性质改变的，应根据《小西湖方案》按程序报批后，完善土地手续。

4. 依法依规，有序协商共商微更新
部门协同：（规）划资源、建设（消防、节能）、房产、文旅等部门，根据各自职能，根据批准并公布的若干更新实施单元图则（含市政），参与五方协商平台依法开展行政审批服务工作。

私房更新申请：私房（含实施主体收购私房）产权人向社区规划师提交书面更新申请（含门牌号及区位、实施主体名称、拟使用功能、产权面积、拟更新建筑面积、土地面积），由社区规划师签字确认后，在固定公告栏及专用网络服务平台进行公布。

私房更新规划条件：私房（含实施主体收购私房）产权人更新申请通过后，由产权人书面向市规划资源局提出更新规划条件申请，市规划资源局根据经批准并公布的更新图则，书面回复规划条件。

私房更新方案：私房产权人根据规划条件，委托社区规划师或自选设计单位，编制更新设计方案（含市政管线方案），并征求相邻产权人书面意见。

私房面积控制：

● 鼓励私房更新房屋优化户型，完善厨房、卫生间等必备设施功能，面积增加的，不得超过规划条件确定的建筑面积上限（含地下建筑面积），且应遵循以下原则：原产权建筑面积在 45m^2 以内的，可较原产权建筑面积增加 15% ~ 20%；原产权建筑面积在 45 ~ 60m^2 的，可较原产权建筑面积增加 15% ~ 20%；原产权建筑面积 60m^2 以上的，可较原产权建筑面积增加 10% 以内。

● 增加的建筑面积须按竣工时点同地段、同性质房屋评估价的 90% 补缴土地出让金后，办理不动产登记，涉及房屋性质改变的需补缴全额土地出让金差价。

● 私房的翻建费用由产权人自行承担，其中：经具备资质机构专业鉴定，属于 C、D 级危房的，建筑面积增加 5% 以内（含）的部分，翻建费用由市、区财政予以补助，C 级危房翻建费用按照市、区财政和产权人 2：2：6 比例分摊；D 级危房翻建费用按照市、区财政和产权人 3：3：4 比例分摊。

微更新方案应满足现行消防规范要求，为保持历史街巷肌理及建筑风貌的原真性，微更新方案无法满足消防规范需求的，消防救援机构应当会同城乡规划行政主管部门确定防火安全保障方案。

协商审核：由社区规划师组织召开五方协商平台方案审查会议（含技术专家论证），形成书面意见（含消防及节能审查），并在固定公告栏及专用网络服务平台进行方案公示后，持不动产证明文件向市规划资源局申请建设工程规划许可证。

施工组织：取得建设工程规划许可证后，需在区国资平台公布的施工单位资源库中自选或抽选施工单位（达到依法招标规模标准的除外），并报区建设局批准后组织施工。

竣工验收：施工完成后，由实施主体提供工程竣工验收资料和房屋安全鉴定报告，由社区规划师组织召开五方协商平台验收会议，形成书面意见，在固定公告栏及专用网络服务平台进行公告，并报规划资源、属地建设部门及房产部门备案，办理不动产登记等相关手续。

本指导意见适用于小西湖历史地段保护更新工作，老城南历史城区其他传统民居类历史地段保护更新可参照本意见执行。

附录二　厦门市规划局　厦门市国土资源与房产管理局关于印发《厦门市预制板房屋自主集资改造指导意见（试行）》的通知

各相关单位：

《厦门市预制板房屋自主集资改造指导意见（试行）》已经市政府专题会议研究通过，现印发给你们，请遵照执行。

厦门市规划局　厦门市国土资源与房产管理局

（此件主动公开）

厦门市规划局办公室　2014 年 7 月 21 日印发

厦门市预制板房屋自主集资改造指导意见（试　行）

为解决预制板房屋抗震能力不足等问题，提升居住品质，根据有关法律法规和规定，结合我市实际，提出以下预制板房屋自主集资改造指导意见：

一、本市行政区域内的预制板房屋，在符合城市规划要求的前提下，房屋所有权人可申请自主集资改造。改造方式为原地翻建。

二、预制板房屋自主集资改造主体为房屋所有权人。拥有部分产权的住户，应先补足剩余产权房款，在获得全部产权后参加集资改造。

三、预制板房屋自主集资改造，遵循"业主自愿、资金自筹、改造自主"的原则，改造方案应经房屋全体所有权人书面同意。

四、预制板房屋自主集资改造，可通过以下渠道筹措资金：

（一）房屋所有权人共同出资；

（二）房屋所有权人申请提取住房公积金；

（三）房屋所有权人申请使用房屋公共维修基金；

（四）其他符合规定的资金。

五、为扶持预制板房屋自主集资改造，政府承担以下费用：

（一）负责委托预制板房屋改造方案设计并承担施工图设计费。

（二）依据我市房屋加装电梯资金补助规定，承担预制板房屋改造涉及的加装电梯的补助费用。

（三）承担预制板房屋改造代建费用。

（四）承担因预制板房屋改造而产生的给水排水、供电等市政增容费用。

六、为鼓励预制板房屋自主集资改造，政府实行以下优惠政策：

（一）在原用地范围内，预制板房屋自主集资改造可增设坡屋顶及电梯，开发地下空间，为防涝需要可增加建筑室内外高差，不成套住房可增设卫生间。

（二）预制板房屋自主集资改造项目，在周边条件允许的条件下，可适当增加每套套内使用面积，但不得超过原面积的 10%。

（三）预制板房屋自主集资改造增加的产权面积和用地面积，可直接依据批准文件申请变更登记，需补交的土地出让金暂不收取，待房屋上市交易时再补交（登记时在权证及登记簿中注明增加的面积保留划拨用地性质）。

（四）预制板房屋所有权人可按规定申请住房公积金组合贷款，贷款办法依据我市现有规定执行。

（五）预制板房屋自主集资改造项目可参照社会保障性住房建设的相关税费优惠政策执行。

七、预制板房屋自主集资改造的建设单位为业主委员会、或原产权单位、或由所有权人委托的有相应资质的法人单位，建设单位负责组织住户协商和协调工程报建等相关工作，并对申请材料的真实性负责。预制板房屋自主集资改造的代建单位由建设单位自行委托，代建单位应为具有相应资质的房地产或建筑企业，代建单位负责按基建程序组织施工。

八、预制板房屋自主改造方案应向市规划管理部门报审，由市规划、国土房产、建设、财政、行政执法和区政府等职能部门组成的联合审查小组审查批准后实施。

九、自主集资改造的预制板房屋，其建筑面积以产权证书登记的面积为准，尚未取得产权证书的以批建手续记载或房产测绘部门实际测量的建筑面积为准。

十、预制板房屋自主集资改造涉及的政府各职能部门，应按照职责分工，结合实际，制定便捷高效、易于操作的实施办法，认真做好审批和把关工作。

十一、为合理开发利用地下空间，政府鼓励预制板房屋集中片区在不影响周边建筑安全条件下，联合自主集资改造。

十二、直管公房预制板房屋的改造办法，由市财政、规划、国土房产及相关职能部门另行制定。

十三、本市房改房危房、单位自管房危房改造可参照本指导意见实施。

十四、本指导意见自发布之日起开始施行，有效期两年。